Bernhard HENNING

Erfolgreiche Waldverjüngung in der Praxis

Stocker
Landwirt
Die Fachzeitschrift für die bäuerliche Familie
www.landwirt.com

Bernhard HENNING

Erfolgreiche Waldverjüngung in der Praxis

Bestandsbegründung, Baumartenwahl, Kulturenschutz

Leopold Stocker Verlag
Graz – Stuttgart

Landwirt
Die Fachzeitschrift für die bäuerliche Familie
www.landwirt.com

Impressum

Umschlaggestaltung:
DSR Werbeagentur Rypka GmbH/Thomas Hofer, 8143 Dobl/Graz, www.rypka.at
Titelbild: Bernhard Henning
Bildnachweis: Die Abbildungen wurden uns freundlicherweise vom Autor zur Verfügung gestellt.

Bibliografische Information der Deutschen Nationalbibliothek
Die Deutsche Nationalbibliothek verzeichnet diese Publikation in der Deutschen Nationalbibliografie; detaillierte bibliografische Daten sind im Internet über http://dnb.d-nb.de abrufbar.

Hinweis:
Dieses Buch wurde auf chlorfrei gebleichtem Papier gedruckt. Die zum Schutz vor Verschmutzung verwendete Einschweißfolie ist aus Polyethylen chlor- und schwefelfrei hergestellt. Diese umweltfreundliche Folie verhält sich grundwasserneutral, ist voll recyclingfähig und verbrennt in Müllverbrennungsanlagen völlig ungiftig.

Auf Wunsch senden wir Ihnen gerne kostenlos unser Verlagsverzeichnis zu:
Leopold Stocker Verlag GmbH
Hofgasse 5/Postfach 438
A-8011 Graz
Tel.: +43 (0)316/82 16 36
Fax: +43 (0)316/83 56 12
E-Mail: stocker-verlag@stocker-verlag.com
www.stocker-verlag.com

ISBN 978-3-7020-1564-0

Layout: CONCARNE Grafik-Design & Illustration/Cornelia Schwingenschlögl, 8010 Graz, www.concarne.at
Herstellung: hm•perfectprintconsult•eu

Inhaltsverzeichnis

Einleitung

Warum verjüngen?

Der Wald ist aus ökologischer Sicht durch zwei Eigenschaften gekennzeichnet: Er wird von Bäumen bzw. Holzgewächsen dominiert und er ist in der Lage, sich selbst zu verjüngen. Deshalb stellt sich die berechtigte Frage, warum man sich als Waldbesitzer mit der Verjüngung des Waldes auseinandersetzen soll, wo das doch scheinbar auch auf natürliche Art und Weise, quasi von alleine, geht.

Der Wirtschaftswald soll jedoch andere Ziele erfüllen als ein sich selbst verjüngender Naturwald. In den meisten Fällen sind dies vor allem ökonomische, und zwar zumeist in Form von Holzwachstum. Im Naturwald werden jährlich Millionen von Samen produziert und dann auf den Weg geschickt, damit diese ein geeignetes Keimbett finden, gedeihen und wachsen und schließlich in einigen Jahrzehnten als ausgewachsener Baum selbst Samen produzieren. Die Natur agiert dabei sehr ineffizient, ja geradezu verschwenderisch. Nur ein kleiner Bruchteil der Samen findet tatsächlich ein Keimbett und selbst davon findet wiederum nur ein Bruchteil die Möglichkeit, zum erwachsenen Baum zu reifen. Wobei verschwenderisch eigentlich das falsche Wort ist: Denn verloren geht im Ökosystem Wald nichts. Vielmehr werden die Samen von einer Vielzahl von Arten als Nahrung genutzt. Pilze, Insekten, Vögel, Klein- und Großsäuger fressen sich an den Samen satt. Und auch viele Keimlinge enden auf dem Speisezettel eines tierischen Waldbewohners. Doch der Waldbesitzer will seinen Wald wesentlich effizienter verjüngen. Die Samen oder gepflanzten Jungbäume, die in den Bestand gebracht worden sind, sollen die zukünftige Waldgeneration bilden und nicht als Vogelfutter enden.

Doch bevor man so weit ist, dass man Samen verstreut, Stecklinge pflanzt oder der Naturverjüngung etwas Licht schenkt, ist vorab zu entscheiden, ob die Förderung der Verjüngung tatsächlich notwendig ist. Denn die Verjüngung kostet Zeit, Geld, Material und nicht zuletzt Arbeitskraft. Noch bis in die 1970er-Jahre waren die sogenannten Kulturkosten, also die Kosten für Aufforstungen, neben der Holzernte der größte Kostenfaktor in Forstbetrieben. Mit dem Anstieg der Lohnkosten und der gleichzeitigen Stagnation des Holzpreises entschieden sich viele Betriebe dazu, die kostengünstigere Naturverjüngung zu nutzen. Das Wissen um die Verjüngung wurde aber trotzdem bewahrt. Denn die Entscheidungen, die mit der Verjüngung zusammenhängen, sind ein zentrales Element im Waldbau. Bereits bei der Verjüngung wird entschieden, welche Baumarten in Zukunft den Bestand bilden. Es ist zwar möglich, diese Entscheidung zu korrigieren, indem man die gepflanzten Bäume schlägert und neu pflanzt bzw. sät, aber diese Korrektur ist wiederum mit hohen Kosten verbunden. Neben den Baumarten wird auch schon in der Verjüngung entschieden, ob man zukünftig einen Reinbestand oder einen Mischbestand begründen will. Vor allem die vielen Fichtenmonokulturen, die auf Standorten stocken, wo die Fichte eigentlich nicht hingehört, haben dem Reinbestand einen schlechten Ruf beschert. Dabei kommt er auch in der Natur vor: An ihren bevorzugten Standorten bildet beispielsweise die Buche Reinbestände aus, denn keine andere Baumart kann es auf ihren Optimalstandorten mit der Konkurrenzkraft der Buche aufnehmen. Im Hochgebirge und in den unwirtlichen Weiten der sibirischen Taiga bildet die Lärche ebenso Reinbestände, weil nur sie in der Lage ist, mit den für die meisten Bäume lebensfeindlichen Umständen zurechtzukommen. Der Reinbestand an sich ist also kein waldbaulicher Planungsfehler, entscheidend sind stets der Standort und die entsprechende Baumart.

Gerade die Standortskunde kommt bei der forstlichen Planung oft zu kurz. Die Baumartenentscheidung wird stärker durch den zu erwartenden Holzertrag beeinflusst als durch die Ansprüche der Baumart und die standörtlichen Gegebenheiten vor Ort. Vor allem im Kleinwald wird oft aus fehlendem Wissen mit Baumarten agiert, die nicht zum Standort passen. Natürlich ist es nicht notwendig, als Waldbesitzer zum Vegetationskundler zu werden. Doch grobe Kenntnisse der Standortskunde sollten bei der Baumartenwahl vorhanden sein. In einem späteren Kapitel wird gezeigt, wie man anhand leicht anzusprechender Eigenschaften den Standort bestimmen – und somit die passende Baumart wählen – kann. In Mitteleuropa ist die Qual der Wahl ohnehin nicht besonders groß: Nur etwa 30 Baumarten einschließlich einiger Exoten kommen tatsächlich in Frage, wobei der Großteil der Wälder von den Hauptbaumarten Fichte, Kiefer, Buche, Eiche und Lärche dominiert wird. Es ist überaus wichtig, mit einer passenden Baumart zu verjüngen, schließlich vergehen zwischen der Einleitung der Verjüngung, also z. B. der Pflanzung, und der Endnutzung mehrere Jahrzehnte. Innerhalb dieses Zeitraumes soll der Baumbestand nicht nur möglichst viel Holz produzieren, er muss auch in der Lage sein, einer ganzen Reihe von schädlichen Ereignissen zu widerstehen: Wind, Starkregen, Trockenheit, Insekten, Schnee, Eis und Pilze stellen eine Gefahr sowohl für den Wald als

Der Wald verjüngt sich von selbst: Indem ein Baum abstirbt, wird Platz für die nächste Generation geschaffen.

auch für den Einzelbaum dar. Je geeigneter, also je naturnäher ein Bestand ist, desto eher wird er in der Lage sein, diesen Herausforderungen zu trotzen.

Merke!

Je nach Baumart steht im Endbestand nur noch ein Bruchteil der ursprünglichen Stammzahl.

Dazu ein kleines Beispiel aus der Praxis, wie es so oft vorkommt: ein Fichtenbestand, aufgeforstet auf einer Wiese, die der Besitzer nicht mehr landwirtschaftlich nutzen wollte. Der Besitzer wollte lieber etwas Brennholz für den Winter haben und entschloss sich deshalb, auf dieser Wiese Fichten zu setzen und sie in Wald umzuwandeln. Eifrig wurde im sehr engen 1-x-1-m-Verband gesetzt, das bedeutet, dass jede Fichte von der anderen nur 1 m entfernt ist. Der Landwirt übersah leider, dass er in einer relativ trockenen Gegend lebt, in der der jährliche Niederschlag kaum 600 mm überschreitet und der Großteil davon im Herbst fällt. In den sehr trockenen Sommermonaten litten die Fichten jedes Jahr an Trockenstress, der nicht nur dem Holzwachstum abträglich war, sondern auch der Vitalität und somit der Widerstandsfähigkeit. Außerdem wurde die Pflege vernachlässigt: Die vielen Bäumchen auf engem Raum konkurrierten von Beginn an um Licht, Wasser und Nährstoffe. Nur die allerstärksten unter ihnen überlebten diesen Druck, doch selbst diese waren nicht vital. Denn durch die vielen Bäume im Bestand, also die hohe Stammzahl, drang nur sehr wenig Licht ins Bestandesinnere, wodurch die Bäume kurze Kronen ausbildeten. Die jungen Fichten wuchsen trotz widriger Umstände ganz gut in die Höhe und nach etwa 40 Jahren war ein Bild zu sehen, wie es in vielen Wäldern zu beobachten ist: dünne Stämme mit sehr kurzen Kronen, die ein idealer Angriffspunkt für den Wind waren. Und so kam es, wie es kommen musste: Ein starker Sturm zu Beginn des Sommers warf mehr als ein Drittel der Bäume um. Bald entwickelte sich in den Windwürfen eine beträchtliche Population von Borkenkäfern. Die Schadinsekten konnten sich dann auch noch in den stehenden Bäumen verbreiten, denn diese waren kaum vital und nicht in der Lage, ausreichend Harz zur Käferabwehr zu erzeugen.

Dieses Buch soll dabei helfen, dass Ihr Verjüngungsprojekt nicht ein ähnliches Schicksal erleidet. Mit diesem Buch soll der Waldbesitzer einen Gesamtüberblick über das Themenfeld Waldverjüngung bekommen. Dabei werden sowohl die Vor- und Nachbereitung der Kulturbegründung als auch die ökologischen Zusammenhänge für den Laien dargestellt. Das Buch begleitet den Leser bei seinen Verjüngungsmaßnahmen von den Vorbereitungen über die Pflanzung und Baumartenwahl bis zur Kontrolle der Kultur.

Im Kapitel **Waldbauliche Grundlagen** wird erklärt, weshalb es im Wirtschaftswald not-

Fichtenaufforstung auf einer ehemaligen landwirtschaftlichen Fläche.

wendig ist, aktiv die Verjüngung zu fördern, und wie sich ein Bestand entwickelt. Es wird dargestellt, wie die Stammzahl, also die Zahl der Bäume, sich mit zunehmendem Bestandesalter verringert. Als Abschluss des Kapitels wird ein Entscheidungsbaum präsentiert, der bei der Entscheidung, ob es notwendig ist, die Verjüngung einzuleiten oder nicht, unterstützen soll.

In den **Maßnahmen vor der Verjüngung** werden sowohl Methoden der Bodenbearbeitung (Mulchen, Unkrautbekämpfung) als auch waldbauliche Techniken wie etwa Lichtungshiebe, mit deren Hilfe die Samenbäume gefördert werden sollen, beschrieben.

Den **Verjüngungsmethoden** ist das Kernkapitel und eines der umfangreichsten des gesamten Buches gewidmet. Die drei Verjüngungsmethoden Saat, Pflanzung und Naturverjüngung werden dabei mit ihren jeweiligen Eigenschaften dargestellt.

Im Kapitel **Standortskunde** wird gezeigt, wie mit einfachen Methoden die wichtigsten Standortsfaktoren bestimmt werden können, um so die Baumartenwahl zu erleichtern.

Anschließend werden die **Pflanzverfahren in der Praxis** beschrieben. Mit Grafiken und Bildern zeigt dieses Kapitel, wie man erfolgreich pflanzt und sät und welche Fehler zu vermeiden sind.

Nach der Lektüre des Kapitels **Standortsansprüche der wichtigsten Baumarten** soll der Leser in der Lage sein, die wichtigsten heimischen Baumarten zu erkennen. Außerdem findet sich in diesem Kapitel eine umfangreiche Beschreibung der Keimbettbedingungen für die einzelnen Baumarten. Die Kenntnis der Standortsansprüche ist ein wesentlicher Erfolgsfaktor bei der Verjüngung. Die Lärche etwa keimt bevorzugt in unverwittertem, gut durchlüftetem Rohboden und hat Probleme bei dichten landwirtschaftlichen Böden.

Ein kurzes Kapitel zur **Sinnhaftigkeit der Düngung**, in welchem die Bodenverbesserung durch künstliche Zugabe von Düngemitteln behandelt wird, folgt.

Den **Schäden und deren Abwehr** ist ein großes Kapitel gewidmet, wobei die Schädlinge behandelt werden sollen, die von wirtschaftlicher Bedeutung sind. Neben den Insekten werden auch die Schäden, die das Wild verursacht, ausführlich besprochen. In diesem Kapitel wird aber auch in groben Zügen erklärt, wie man einen Verjüngungsschaden korrekt bewertet und dass nicht jeder verbissene Baum auch zwingend wirtschaftliche Nachteile für den Waldbesitzer mit sich bringt. Zudem werden nicht nur Tipps zur Insektenabwehr, sondern auch die wichtigsten Bekämpfungsmethoden von Wildschäden vorgestellt. Kurz soll auch die wildökologische Raumplanung vorgestellt werden, durch die Kulturen erfolgreich vor Wildschäden bewahrt werden konnten.

Das Abschlusskapitel **Erfolgskontrolle** betrachtet, ob die Verjüngung erfolgreich war und bietet Maßnahmen zur Nachbesserung.

Ich wünsche viel Spaß beim Lesen und viel Erfolg bei Ihrem Verjüngungsprojekt!

Bernhard HENNING

Waldbauliche Grundlagen

Die Bestandesentwicklung

Das einzig Bleibende im Wald ist der Wandel. Wälder unterliegen ständigen Veränderungen. Auch wenn Wälder für den Menschen statisch wirken, so sind es doch sehr dynamische Systeme. Durch die Langlebigkeit der meisten Baumarten sind die Änderungen aber für den Menschen nur dann bemerkbar, wenn man sie mit hoher Aufmerksamkeit über Jahre hinweg verfolgt.

Die treibende Kraft für Veränderungen im Wald ist das **Baumwachstum**. Im Laufe ihres Lebens vergrößern Bäume nicht nur ihre Höhe, sie wachsen auch in die Breite (und durch die Wurzeln auch in die Tiefe) und der Holzkörper nimmt an Masse zu. Ein Baum, der wächst, benötigt aber auch mehr Lebensraum und somit mehr Wasser, Nährstoffe und Licht. Sind einer oder mehrere dieser Faktoren nicht ausreichend vorhanden, so wird auch das Wachstum eingeschränkt. Im Wald wachsen Bäume neben Bäumen, wodurch sie miteinander in Konkurrenz treten. Da die Menge an Ressourcen, also an Wasser, Licht und Nährstoffen, gleich bleibt, wachsende Bäume aber mehr von diesen Ressourcen benötigen, muss zwangsläufig ein Teil der Bäume ausscheiden. Damit ein Baum wachsen kann, müssen andere also absterben. Diese Entwicklung zu kennen und zu erkennen, ist wichtig für den Waldbesitzer, besonders im Zusammenhang mit der Verjüngung. Die Menge an Bäumen (Stammzahl), die zum Zeitpunkt der Verjüngung auf einer Waldfläche stocken, verringert sich stark im Laufe der Bestandesentwicklung.

Eichenpflanzung mit Wuchshüllen als Schutz vor Wildverbiss

Merke!

Damit Bäume wachsen können, müssen andere absterben. Die Stammzahl verringert sich stark, je nach Baumart stehen im Endbestand nur noch 2–10 % der ursprünglichen Stammzahl.

Dieses Wissen ist wesentlich, um einige der **typischen Fehler bei Verjüngungen**, speziell bei Aufforstungen, zu vermeiden.

- **Zu hohe Stammzahlen:** In früheren Zeiten wurde gern im Engverband, also in Abständen von 1 x 1 m oder noch enger, gepflanzt. Engverbände benötigen hohe Pflanzzahlen, pro Hektar sind 10.000 und mehr Pflanzen zu setzen. Dies verursacht hohe Kosten und einen enormen Arbeitsaufwand. Spätestens in der Dickungsphase scheidet ein Großteil der ursprünglich mühsam gepflanzten Bäume wieder aus, weil sie der Konkurrenz unterliegen. Um einen stabilen Bestand mit kräftigen Kronen zu erlangen, ist es sogar notwendig, die Stammzahl zu reduzieren. Dadurch entsteht jedoch ein doppelter Aufwand: Zunächst werden Pflanzen gesetzt, die einige Jahre später wieder entfernt werden müssen. Die Pflegearbeit in engen Verbänden ist nicht nur sehr mühsam, sie ist in den meisten Fällen auch nicht kostendeckend, da das geerntete Holzvolumen noch zu gering ist für ein positives wirtschaftliches Ergebnis.

- **Aufforstungen mit vereinzelten Laubbäumen:** Speziell im Laubwald findet man immer wieder Aufforstungen, wo einzelne Laubhölzer gesetzt wurden. Laubholz benötigt aber einen gewissen Dichtstand, damit die jungen Bäume gerade wachsen und früh ihre Äste verlieren, da diese von den Ästen der Nachbarbäumchen beschattet werden. Hat ein Laubbaum diese Konkurrenz nicht, so wächst ein Baum mit sehr schlechter Holzqualität heran. Zudem ist die Wahrscheinlichkeit, dass ein einzelner Laubbaum zum reifen Baum heranwächst, tatsächlich gering. Daher sind Laubholzverjüngungen nie punktuell als Einzelbäume, sondern immer zumindest kleinflächig in Gruppen anzulegen.

Mit dem Wachstum der Bäume verändert sich also der Bestand. Und obwohl die Stammzahl abnimmt, vergrößert sich die Holzmenge, da die überlebenden Bäume stark an Dimension zulegen.

Unterschiedlich alte Bäume eines Mischwaldes: In solchen Beständen sind mehrere Bestandsphasen auf kleiner Fläche nebeneinander vorhanden.

Die wichtigsten Phasen der Bestandesentwicklung sind:

- **Kultur/Jungwuchs:** Die Bäume weisen noch Höhen von unter 1,3 m auf, d. h., die Kultur ist noch nicht gesichert. Erst über einer Höhe von 1,3 m spricht man von einer gesicherten, also erfolgreichen Verjüngung. Im Jungwuchs ist die Stammzahl noch sehr hoch und liegt zwischen 2.000 Pflanzen bei Nadelholzbeständen und bis zu 10.000 bei Laubbäumen pro Hektar. Die Holzmenge ist noch vernachlässigbar. Da die Bäume noch relativ klein sind, treten sie noch nicht in Konkurrenz miteinander, jeder Baum verfügt noch über ausreichend Wuchsraum. Wohl konkurrieren die jungen Bäume aber mit anderen Pflanzen: Gräser, Kräuter und Hochstauden können derart wüchsig sein, dass die Verjüngung scheitern kann.

- **Dickung:** Die Bäume sind nun alle deutlich über 1,3 m hoch, die Stämme haben bereits an Durchmesser zugenommen. In dieser Phase treten die Bäume das erste Mal miteinander in Konkurrenz. Um bis zu 60 % reduziert sich die Stammzahl in dieser Phase, bei Laubholz können es sogar 75 % sein. Aber nicht nur Bäume sterben ab, auch ein großer Teil der Äste stirbt durch die starke Konkurrenz um Licht ab. Mit dem Absterben der Äste endet auch die Dickungsphase.

- **Stangenholz:** Die Bäume haben einen Durchmesser zwischen 15 und 20 cm, die Konkurrenz ist immer noch hoch. In dieser Phase verringert sich die Stammzahl immer noch, aber nicht mehr so stark wie in den vorangehenden Phasen.

- **Baumholz:** Die Bäume sind dicker als 20 cm. Die Konkurrenz ist zwar noch vorhanden, es scheiden aber kaum noch Bäume aus. Bei Bestandesdurchmessern über 50 cm spricht man von Starkholz.

Abhängig von der Standortsgüte und der Wüchsigkeit der Baumart können diese Phasen unterschiedlich lange dauern. Am längsten dauert die letzte Phase des Baumholzes. Da Bäume, wie schon erwähnt, sehr langlebig sind, kann die Baumholzphase viele Jahrzehnte andauern. In der Regel wird aber die Umtriebszeit, also die Zeit von der Pflanzung bis zur Vollernte, viel kürzer angesetzt, als die mögliche Lebensdauer der Bäume es zulassen würde. Die gängigsten Umtriebszeiten sind 80 Jahre bei wüchsigen Fichtenbeständen und bis zu 150 Jahre bei Eichenbeständen.

Es sei hier nur nebenbei erwähnt, dass Bestände, die über 100 Jahre alt sind, nur aus Sicht mancher Forstleute „überaltert" sind und nicht aus biologischer Sicht. Nur Pionierbaumarten wie Birke, Erle und Weide sterben mit etwa 100 Jahren ab. Die meisten heimischen Nadelhölzer werden zumindest 300 Jahre alt, in Urwäldern wurden auch schon noch ältere Exemplare bestimmt. Die meisten Laubbaumarten werden weit über 500 Jahre alt. Wer also einen über 100 Jahre alten Bestand hat und glaubt, er müsse dringend eine Verjüngung einleiten, sei beruhigt: er hat noch einige Jahre Zeit.

Gründe für die Einleitung der Verjüngung

Die Einleitung einer Verjüngung ist mit Zeit und Kosten verbunden und sollte daher nur dann durchgeführt werden, wenn es dafür Anlässe gibt. Gerade im Kleinwald sind immer wieder Pflanzungen zu beobachten, für die es keine echte Notwendigkeit gibt, weil etwa ausreichend Naturverjüngung vorhanden ist oder der Bestand verhältnismäßig jung ist. Bevor man sich also mit dem Projekt Waldverjüngung auseinandersetzt, ist anhand einiger Fragen zu prüfen, ob eine Verjüngung notwendig bzw. sinnvoll ist oder zur reinen Fleißaufgabe wird.

Umstände, die eine Verjüngung notwendig werden lassen:

- **Bestockung/Beschirmung unter 50 %**
  Der aktuelle Bestand verfügt über eine zu geringe Anzahl an Bäumen. Es ist daher notwendig, eine neue Baumgeneration anzusiedeln.
- **Ende der Umtriebszeit erreicht**
  Der Bestand hat sein Umtriebsalter erreicht und der Waldbesitzer hat vor, den gesamten Bestand per Kahlschlag zu nutzen.
- **Bestandesumbau nötig (falsche Baumart)**
  Eine unerwünschte Baumart dominiert den Bestand und verschlechtert die Standortsbedingungen so sehr, dass ein Baumartenwechsel notwendig ist.
- **Flächiger Zusammenbruch des Bestandes aufgrund des Baumalters**
  Die Bäume haben ihr biologisches Alter erreicht und sterben flächenweise ab (über 30 % auf der Fläche).
- **Keine wüchsige Unterschicht vorhanden**
  In lockeren Beständen, wo ausreichend Licht auf den Boden kommt, wächst eine zweite Schicht an Bäumen heran. Vor allem schattentolerante Baumarten wie Buche oder Tanne wachsen gut unter Schirm heran. Aus verschiedenen Gründen kann aber diese Schicht fehlen, etwa weil der Bestand zu dicht ist und zu wenig Licht auf den Boden dringt oder Verjüngungshemmnisse vorliegen.
- **Schadereignis, dem mehr als 40 % der Stämme zum Opfer gefallen sind**
  Windwurf, Schneebruch, Insektenbefall oder Überschwemmung: Mehr als ein Drittel der Bäume sind aus dem Bestand ausgeschieden, weshalb es notwendig ist, eine neue Baumgeneration zu etablieren.
- **Nichtwaldfläche (Acker, Wiese, Alm), die in Wald umgeformt werden soll**
  Eine ehemalige landwirtschaftliche Fläche soll in Wald umgewandelt werden.

Licht bedeuted Leben.

Altbestand in einem Naturwald

Baumholz mit dichtem Kronendach, das nur wenig Bodenvegetation zulässt.

Stammbruch durch Sturm; auf dieser Fläche ist es notwendig, zu verjüngen.

Auf großen Kahlschlägen ist es häuftig notwendig, künstlich per Saat oder Pflanzung zu verjüngen.

Buchenbestand, in dem sich die Verjüngung unter dem Schirm des Altbestandes entwickelt.

Stöcke und Verjüngung sind Zeugen für den Kreislauf des Lebens.

- **Früheres Verjüngungsprojekt war nicht erfolgreich**
  Hierbei ist es wichtig herauszufinden, warum die Verjüngung nicht erfolgreich war (etwa durch Wildverbiss). Danach ist dieses Verjüngungshemmnis zu beseitigen, ansonsten wird auch der neuerliche Versuch der Verjüngung wieder misslingen.
- **Keine ausreichende Naturverjüngung auf der Fläche vorhanden**
  Das Fehlen von Naturverjüngung kann verschiedenste Gründe haben: So können die umliegenden Bäume etwa zu jung sein, um Samen auszubilden. Auch können die Samen von Tieren wie Mäusen oder Wildschweinen vertilgt worden sein, sodass sich eine Naturverjüngung nicht etablieren konnte. Der häufigste Grund ist aber ein dichtes Kronendach, durch das zu wenig Licht auf den Boden fällt, wodurch selbst schattenertragende Baumarten nicht heranwachsen können.
- **Gewünschte Baumart in der Naturverjüngung vorhanden**
  Die Naturverjüngung ist normalerweise ein guter Zeiger für die Baumartenwahl. Baumarten, die es schaffen, sich natürlich und ohne menschliche Hilfe anzusiedeln, sind meist standortstauglich, vorausgesetzt sie kommen nicht nur vereinzelt vor. In Regionen, wo der Anteil an standortsfremden Baumarten (Fichte) jedoch sehr hoch ist, kann es passieren, dass sich diese Baumarten mangels Konkurrenz durch standortstaugliche Baumarten auch natürlich verjüngen. Vor allem der Fichte gelingt dies oft, da es oft große Waldflächen gibt, die nur mit Fichte bewachsen sind. Zudem ist die Fichte eine sehr anspruchslose Art und gedeiht in der Jugend auch auf Standorten, die im höheren Alter für sie nicht geeignet sind.

Scharfe Grenzen zwischen Wäldern und Wiesen sind ein Hinweis auf menschlichen Einfluss.

Verjüngungshemmnisse

Es gibt eine Reihe (s. Kasten) von Verjüngungshemmnissen, welche die Etablierung einer erfolgreichen Verjüngung verhindern oder verzögern. Wie man diese bekämpft, wird in späteren Kapiteln behandelt, wesentlich ist aber die Erkenntnis, dass es auf der Fläche Probleme für die Verjüngung gibt.

Verjüngungshemmnisse

Rohhumus: Dieser hindert die Samen der meisten Baumarten daran, den Mineralboden zu erreichen und zu keimen. Ein stellenweises Aufreißen des schlecht zersetzten, verfilzten Pflanzenmaterials kann hier helfen.

Konkurrenzvegetation: Gräser und einige krautige Arten können eine Gefahr für eine erfolgreiche Verjüngung darstellen, indem sie jungen Bäumchen Konkurrenz um Nährstoffe und Wasser bereiten. Dies kann eine Mahd notwendig machen.

Fehlen von Samenbäumen: Sind keine Samenbäume vorhanden oder entwickeln diese keine ausreichende Menge an Samen, verzögert sich die Naturverjüngung.

Schadinsekten: Beim Fichtenanbau kann der Rüsselkäfer ganze Aufforstungen gefährden, da er die Rinde der Bäumchen abfrisst. Andere Insekten wie Blatthornkäfer oder Blattkäfer fressen Blätter und verhindern dadurch die Assimilation.

Witterungsverhältnisse: Jungpflanzen sind gegen Trockenheit empfindlich, da das Wurzelsystem noch nicht ganz ausgereift ist. Spätfrost, vor allem in Geländemulden, führt ebenfalls bei einigen Arten (Tanne, Eiche) zu großen Verlusten.

Schneedruck und Schneeschub: Diese kommen vor allem bei Hochlagenaufforstungen vor. Die Bäumchen werden niedergedrückt und die empfindlichen Wurzelballen aus dem Boden gedrückt.

Nager: Feldhasen, Wildkaninchen und verschiedene Wühlmausarten benagen die Wurzeln und die Stämmchen, die Schäden enden durch später hinzukommende Pilzinfektionen meist tödlich für den Einzelbaum.

Wild: Der Wildverbiss ist in vielen Verjüngungsflächen das wichtigste Hemmnis, neben jagdlichen Maßnahmen können Flächenschutz (Zaun) oder Einzelschutz (Verbissschutz, chemische Abwehrstoffe) Abhilfe leisten.

Wenn die Analyse ergibt, dass Gründe für die Verjüngung existieren und auf der aktuellen Fläche noch keine Verjüngung vorhanden ist, ist es notwendig, sich mit der Verjüngung auseinanderzusetzen.

Merke!

Für die Einleitung der Verjüngung müssen Gründe vorhanden sein.

Maßnahmen vor der Verjüngung

Bevor man sät oder pflanzt, sollte man sich die Fläche, auf der die Verjüngung etabliert werden soll, noch genau ansehen. Handelt es sich um eine Ackerfläche, die aufzuforsten ist, so fällt die Überprüfung leicht. Liegt die Verjüngungsfläche mitten in einem Bestand, ist der Aufwand natürlich größer. Unabhängig davon, ob künstlich oder natürlich verjüngt werden soll, können waldbauliche und/oder technische Maßnahmen helfen. Vorab ist aber die Verjüngungsfläche zu überprüfen.

Bleibt nach einer Schlägerung zu viel Schlagabraum wie Kronen und Äste liegen, kann dies verjüngungshemmend wirken.

Bestandsaufnahme

Bodenzustand

Wie ist es um die Struktur des Bodens bestellt? Ist der Boden krümelig und reich an Regenwürmern oder ist der Boden sehr verdichtet, sodass junge Bäume Probleme haben könnten bei der Durchwurzelung? Bei sehr dichten Böden ist es notwendig, den Boden vorab mechanisch zu bearbeiten.

Rohhumus

Der Rohhumus besteht aus verfilztem, totem organischen Material, das sich nur langsam zersetzt. Rohhumus kann derart dicht sein, dass Samen auf ihm liegen bleiben und an der Keimung behindert werden, weil die Wurzel des Keimlings keinen Bodenkontakt herstellen kann.

Konkurrenzvegetation

Gräser, Heidekraut und Hochstauden: Sie stellen für junge Bäume eine ernst zu nehmende Konkurrenz dar. Vor allem auf Freiflächen, also auf Kahlschlägen oder auf aufzuforstenden Ackerflächen, verbreiten sich Konkurrenzpflanzen rasch. Der Verjüngungszeitraum wird durch solche Konkurrenzpflanzen verlängert, in manchen Fällen kann es sogar möglich sein, dass die Verjüngung durch Gräser und Hochstauden gänzlich behindert wird.

Schlagabraum und Hiebsreste

Die Überreste einer Schlägerung, also starke Kronenäste, Reisig (Holz unter 7 cm Durchmesser) und Rinde, können einen negativen Einfluss auf die Verjüngung haben, und zwar dann, wenn sie in einem so hohen Ausmaß vorkommen, dass die Fläche nur schwer oder gar nicht begehbar ist. Wird ein Kahlschlag wieder aufgeforstet, so sollte der Schlagabraum zum Großteil entfernt werden. Früher wurden Hiebsreste konsequent entfernt, oft auch verbrannt. Das Verbrennen des Schlagabraums birgt aber die Gefahr des Nährstoffaustrags, in Reisig und Rinde befinden sich schließlich wertvolle Nährstoffe. Wird das Reisig verbrannt, so kann die Asche durch Wind und Regen vom Bestand ausgetragen werden. Daher belässt man heutzutage zumindest das Reisig, da es auch positive Effekte hat: Nach etwa fünf bis zehn Jahren ist Reisig verrottet und liefert wertvolle Nährstoffe für die kommende Baumgeneration. Zwischen dem Reisig – durch das sperrige Reisig wildgeschützt – samen aber viele Baumarten aus, vor allem Pionierbaumarten wie Birke oder Salweide.

Angrenzende Bestände

Es ist zu überprüfen, ob an die Verjüngungsfläche Waldflächen angrenzen, in denen bald Nutzungen vorgenommen werden sollen. Falls es möglich ist, sollten diese Nutzungen noch vor der Einleitung der Verjüngung durchgeführt werden. Durch die Fällung und Rückung könnte die Verjüngung beschädigt werden. Besonders bei Verjüngungen unter dem Schirm einer älteren Baumschicht ist darauf zu achten, dass die Fällrichtungen der Bäume von benachbarten Verjüngungen wegweisen und auch die Rückung des geschlägerten Holzes nicht quer durch eine Verjüngung geht. Laubholzverjüngungen sind übrigens gegenüber solchen Schäden toleranter als Nadelholzverjüngungen.

Zufahrtswege

Wird als Verjüngungsmethode die Pflanzung angewandt, so ist es günstig, wenn die Jungpflanzen möglichst nah an den Pflanzort transportiert werden können. Jungpflanzen sind äußerst empfindlich gegenüber der Austrocknung der Wurzeln, deshalb sollte der Weg zwischen Transportfahrzeug und Pflanzort so kurz wie möglich gehalten werden. Rückegassen, Forststraßen und auch angrenzende öffentliche Straßen können dafür benutzt werden.

Aufforstungen waren früher sehr arbeitsintensiv.

Waldbauliche Maßnahmen

Durch die waldbauliche Planung kann die Verjüngung unterstützt werden. Vor allem wenn die Naturverjüngung genutzt werden soll, können vereinzelte und gezielte Eingriffe in den Bestand hilfreich sein, damit sich die Verjüngung erfolgreich etabliert.

Förderung bereits vorhandener Naturverjüngung

Ist bereits Naturverjüngung am Standort vorhanden und will man diese fördern, kann man durch die Schlägerung einzelner Bäume mehr Licht für die Verjüngung zur Verfügung stellen und damit das Wachstum verbessern. Durch solche Lichtungshiebe wird nicht nur die bereits vorhandene Verjüngung gefördert, es wird auch wahrscheinlicher, dass sich zusätzliche Naturverjüngung ansiedelt. Allerdings ist bei solchen Eingriffen sehr behutsam und vorsichtig vorzugehen. Praktisch alle heimischen Baumarten vertragen in der Jugend Schatten, daher profitieren junge Bäume bereits davon, wenn ein oder zwei benachbarte Bäume aus dem Bestand entfernt werden. Wird die Nutzung zu stark durchgeführt, so wächst die Gefahr, dass zu viel Licht auf den Waldboden fällt und das Wachstum von Gräsern und Kräutern gefördert wird. In diesem Zusammenhang ist weniger also mehr.

Förderung von Samenbäumen

Ein typisches Bild, das auf Kahlschlägen häufig zu beobachten ist: Der Gesamtbestand ist geräumt, lediglich ein oder zwei Bäume sind der Nutzung entgangen, weil der Waldbesitzer diese Bäume als Samenbäume nutzen will. Leider werden hierfür selten die besten und stärksten Bäume ausgewählt, sondern im Eifer der Holznutzung werden die schwächsten Bestandesmitglieder für solche Aufgaben übrig gelassen. Wie aber soll ein schwacher Baum starke Nachkommen produzieren? Daher ist bei der Auswahl allfälliger Samenbäume Bedacht darauf zu legen, dass es sich um starke, vorherrschende Bäume im Bestand handelt. Erkennbar sind solche Bäume an kräftigen, langen und breiten Kronen und daran, dass sie in der Oberschicht des Kronenraums vorherrschend sind. Will man eine Naturverjüngung unter Schirm etablieren, so genügt es bereits, ein bis zwei Nachbarbäume eines potenziellen Samenbaums zu entfernen. Durch die Entfernung von Konkurrenzbäumen sollen dem Samenbaum mehr Ressourcen (Wasser, Licht, Nährstoffe) zur Verfügung gestellt werden, damit diese für die Samenproduktion herangezogen werden können.

Technische Maßnahmen

Bereits seit dem 14. Jahrhundert sind Maßnahmen zur Bodenbearbeitung bekannt, welche die Verjüngung fördern sollen. Durch die Bodenbearbeitung sollen folgende **Ziele** erreicht werden:

- Beseitigung von Bodenverdichtungen
- Förderung der Naturverjüngung
- Ermöglichung von Saaten
- Verbesserung der Anwuchsbedingungen bei Saaten

Bei Pflanzungen gilt es, sorgfältig zu arbeiten.

Die Bodenbearbeitungsmaßnahmen sind aber nicht obligatorisch bei jeder Verjüngungsmaßnahme zu setzen. Sind aber Verjüngungshemmnisse, wie Rohhumus oder Bodenverdichtung, bekannt, verbessert die Bodenbearbeitung wesentlich den Erfolg der Verjüngung. Mit Bodenbearbeitungen kann der Oberboden verwundet und können die Bodenschichten umgelagert sowie Verdichtungen beseitigt werden. Dadurch verbessern sich die Bodenstruktur, die Nährstoffversorgung sowie der Wärme- und Wasserhaushalt. Dabei ist aber maßvoll vorzugehen, denn intensive Bodenbearbeitungen können auch negative Auswirkungen haben, da für diese Arbeiten Forsttraktoren notwendig sind und das flächige Befahren des Waldbodens negative Effekte haben kann.

Verbesserung der Bodenstruktur

Auf sandigen, nährstoffarmen Waldstandorten können sich Ortsteinschichten bilden, welche die Durchwurzelbarkeit des Bodens behindern und sich somit negativ auf das Pflanzenwachstum auswirken. Durch tiefes Pflügen können diese Erdschichten aufgebrochen werden. Ehemalige landwirtschaftliche Böden haben an ihrer Oberfläche (Kontaktstelle zur Atmosphäre) eine wasserstauende und schwer durchwurzelbare Verschmierschicht. Ein Vollumbruch ist bei solchen Verhältnissen hilfreich, insbesondere um dem „Ackersterben" von Nadelholzaufforstungen zuvorzukommen.

Je schwerer der Boden ist, desto negativer kann sich aber eine Bodenbearbeitung mit schweren Maschinen auswirken. Dies trifft besonders auf schwere, dichte Böden wie Pseudogleye zu. Pseudogleye sind Böden, die durch menschliche Eingriffe (Viehtritt, Maschineneinsatz) stark verdichtet sind. Bei derart dichten Böden ist der Anbau von Baumarten mit starken Wurzelsystemen wie Erle oder Eiche ratsamer als eine reine Bodenbearbeitung.

Verbesserung des Nährstoffhaushaltes

Die Bodenbearbeitung führt zu einer Aktivierung des Bodenlebens. Vor allem Rohhumusflächen reagieren positiv darauf: Die dicken Polster an totem organischen Material werden dann rasch abgebaut. Auf Kahlschlägen, wo die Erosion durch Regen und Wind stark wirkt, besteht allerdings die Gefahr des Nährstoffaustrags, auch deshalb, weil junge Bäume selten in der Lage sind, die Gesamtmenge der im Rohhumus gespeicherten Rohstoffe rasch aufzunehmen. Bei Verjüngungen unter Schirm gibt es dieses Problem aber nicht. Auf Kahlschlägen mit Rohhumusauflagen empfiehlt es sich daher, nur stellenweise den Boden zu verwunden und an diesen Stellen zu pflanzen bzw. zu säen.

Verbesserung des Wasserhaushaltes

Auf feuchten Flächen führt neben der Bodenbearbeitung auch die richtige Baumartenwahl zum Erfolg. Vor allem Fichten reagieren sehr negativ auf Staunässe, Arten des Auwaldes wie Erle, Pappel und Weide sind dagegen toleranter. Drainagen sind natürlich auch eine Möglichkeit der Entwässerung, allerdings ist diese Maßnahme sehr arbeitsintensiv und teuer.

Bodenbearbeitung mit Pferden schont den Boden im Vergleich zum Maschineneinsatz.

Zur Arbeitserleichterung werden Pflanzlöcher häufig schematisch angelegt.

Beim Traktoreneinsatz kann es zur Bodenverdichtung kommen.

Waldbrände setzen die in den Pflanzen gespeicherten Nährstoffe frei.

Möglichkeiten der Bodenmanipulation

- **Freilegen des Mineralbodens mittels Forststreifenpflug:** Die oberste Bodenschicht wird durch den Pflug durchbrochen, das Bodenmaterial rechts und links neben dem freigelegten Mineralboden abgelagert. Der Streifenpflug ist ein Anbaugerät für Traktoren. Vor allem auf sandigen und mittelschweren Böden hat diese Bodenbearbeitung Bedeutung. Diese Bodenmanipulation ist zudem äußerst schonend für den Humus. Möglich ist auch der Einsatz von Breithacken und menschlicher Muskelkraft oder der Pferdezug.
- **Auflockerung und Durchmischung des Oberbodens mittels Grubber:** Für die Einarbeitung herabgefallener Samen kann der Oberboden durchmischt werden. Die Grubberzinken reißen dabei den Oberboden auf und es kommt zu einer Durchmischung von Auflageschicht und Mineralboden. Wurden auf der Fläche Hiebsreste verbrannt, dient diese Methode auch dazu, einem Nährstoffverlust vorzubeugen und die durch das Feuer freigesetzten Nährstoffe direkt in den Boden einzuarbeiten. Eine mehrmalige kreuzweise Bearbeitung ist auf den meisten Flächen notwendig, um eine gänzliche Durchmischung zu gewährleisten.

  Alternativ zum Grubber ist auch die Scheibenegge als Anbau an den Traktor denkbar, diese Methode ist aber nicht unter Schirm möglich, da es zwangsläufig zu Wurzelverletzungen kommt. Fräsen sorgen für eine Zerschlagung des Auflagehumus und der oft sehr dichten Bodenvegetation. Durch die Bauart der meisten Fräsen wird die Arbeit streifenweise durchgeführt und dient als Vorbereitung von Naturverjüngung und Pflanzung. Die Fräse sollte allerdings nur eingesetzt werden, wenn Bodenvegetation und/oder der Auflagehumus derart dicht sind, dass dadurch das Wachstum der Jungbäume offensichtlich behindert wird.

- **Abbrennen:** Es wurde bereits darauf hingewiesen, dass das Abbrennen der Verjüngungsfläche eine sehr effiziente Methode ist, um dichten Auflagehumus sowie Hiebsreste zu verarbeiten und die darin gespeicherten Nährstoffe freizusetzen. Um einen Nährstoffaustrag zu vermeiden, ist es aber unbedingt notwendig, die Asche mit dem Oberboden zu durchmischen. Außerdem ist bei den zuständigen Forstbehörden und Feuerwehren um Erlaubnis für diese Maßnahme zu fragen. In trockenen Sommermonaten verbietet sich diese Methode natürlich, da die Gefahr von Waldbränden zu hoch ist. Auch auf Steilflächen kommt diese Methode nicht in Frage, da hier nicht nur der Wind, sondern auch Schwerkraft und Regenwasser für die Austragung der Nährstoffe sorgen und eine maschinelle Bodenbearbeitung nur schwer realisierbar ist.

Dichte Vegetationsdecken, wie hier gebildet von der Besenheide, verhindern die erfolgreiche Keimung von Baumsamen.

Exkurs: Alternative Bodenbearbeitung

Schwarzwild: In Waldgebieten mit hoher Schwarzwildpopulation können auch Wildschweine die Bodenbearbeitung übernehmen. Wildschweine sind Allesfresser, die auf der Suche nach Nahrung den Oberboden durchpflügen. Dabei wird die Fläche mit Maiskörnern und anderen für die Wildschweine verlockenden Futtermitteln versehen. Die Wildschweine durchpflügen dann den Boden. Der Vorteil dieser Methode ist zum einen, dass er kaum Arbeitsaufwand mit sich bringt, und zum anderen, dass die Bearbeitung des Bodens durch die Wildschweine sehr pfleglich erfolgt, wodurch keine schweren Maschinen eingesetzt werden müssen. Es ist allerdings die Zusammenarbeit mit der lokalen Jägerschaft zu suchen, will man diese Methode einsetzen. Zudem gibt es ein gewisses Risiko, ob die Wildschweine ansprechen. Erfahrungen von Almflächen, die von Wildschweinen durchpflügt wurden, zeigen jedenfalls, dass sich auf diesen Flächen die Vegetation sehr gut entwickelt.

Kadaververjüngung: Von Kadaververjüngung spricht man, wenn sich auf querliegenden Baumstämmen die Naturverjüngung etabliert. Will man diese Methode durchführen, so sind mindestens 15 Jahre vor Beginn der Verjüngung Bäume zu schlägern. Vor allem bei Fichte ist dieses Verfahren oft zu beobachten. Das zerfallende Holz ist einerseits ein gutes Keimbett für Jungpflanzen, zudem müssen sich junge Bäume nicht mit der Konkurrenzvegetation auseinandersetzen. Diese Methode setzt aber einen gewissen Zersetzungsgrad der Bäume voraus. Will man sie durchführen, so sind mindestens fünf bis 15 Jahre vor Beginn der Verjüngung Bäume zu schlägern und dem Vermoderungsprozess zu überlassen. Aus Forstschutzgründen (Borkenkäfer) sollte kein Nadelholz dafür verwendet werden, am ehesten eignen sich die Stämme von Pionierbaumarten wie Birke, Eberesche, Pappel und Weide, deren Holz sich leichter zersetzt.

Verjüngungsmethoden

Man unterscheidet zwischen künstlicher, also vom Menschen beeinflusster, Verjüngung und Naturverjüngung. Zur künstlichen Verjüngung gehören die Saat und die Pflanzung.

Natürliche Grundlage – der Samen

Ob künstliche oder natürliche Verjüngung, der Waldbesitzer ist in jedem Fall auf die natürliche Bildung von Samen der Waldbäume angewiesen. Deshalb soll hier kurz erläutert werden, unter welchen Umständen die Samenproduktion passiert und auf welche Art und Weise Bäume ihre Samen verbreiten. Insbesondere für die Nutzung der Naturverjüngung ist es wichtig, dass man als Waldbesitzer ein Gefühl dafür hat, bis zu welchen Entfernungen Samen transportiert werden.

Samenproduktion

Der Großteil der heimischen Baumarten wird durch windbewegte Pollen bestäubt. Linden, Ahorn und Ulmen werden hingegen von Insekten bestäubt, dies trifft auch auf die meisten Sträucher zu. Für die Windbestäubung muss eine große Menge an Samen erzeugt werden, da die Wahrscheinlichkeit relativ gering ist, dass die Keimung tatsächlich erfolgreich ist. Der Baum verbraucht daher eine große Menge an Energie für seine Fortpflanzung. Da dieser Prozess aber so viel Energie verbraucht, findet er unregelmäßig statt, abhängig von Baumart, Alter und Vitalität. Bei Baumarten mit großen Samen, wie Eiche oder Buche, kann der jährliche Holzzuwachs in Mastjahren um bis zu 40 % zurückgehen.

Baumarten mit leichten Samen fruktifizieren öfter und produzieren auch größere Samenmengen als Baumarten mit schweren Samen. Ob letztendlich Blüten und Früchte gebildet werden, hängt maßgeblich von der Witterung zu bestimmten Zeitpunkten ab. Warme und trockene Sommermonate fördern die Bildung von Blütenknospen, ist das nächste Frühjahr allerdings feucht und kühl, behindert die Witterung die Blütenbildung. Ist das Wetter zu heiß und trocken, so kann die Blütenbildung gänzlich ausfallen. Für den Baum stellt ein Sommer ohne Blütenbildung kein Problem dar, da Bäume langlebig sind. In Jahren mit wenig Blütenproduktion kann der Fraß von Insekten und Vögeln die Samenproduktion zusätzlich erheblich einschränken. Das Samenangebot der meisten Baumarten schwankt daher stark von Jahr zu Jahr, da, wie erwähnt, eine große Menge von Faktoren mitspielen. Man unterscheidet zwischen Vollmast, wo alle Bäume im Bestand reichlich Früchte tragen, Halbmast, wo etwa die Hälfte der Bäume samentragend sind, sowie der Sprengmast, wo gerade einmal 30 % der Bäume Samen produzieren.

Herrschende Bäume, die in der Oberschicht dominieren, erhalten mehr Licht, weshalb sie auch mehr Samen produzieren als unterständige und beherrschte Bäume. Dies ist unter anderem zu beachten für die Auswahl von Samenbäumen. Es sollen vorherrschende Bäume gewählt werden, da diese nicht nur eine größere Menge an Samen produzieren, sondern sich bereits erfolgreich gegen die Konkurrenz durchgesetzt haben und somit gute genetische Eigenschaften mitbringen.

Tab.: **Frühester Zeitpunkt der Samenproduktion, Wahrscheinlichkeit einer Vollmast sowie Tausendkorngewicht in Gramm heimischer Baumarten**

Baumart	Alter, in dem Samen produziert werden	Häufigkeit von Vollmasten innerhalb von 10 Jahren	Samenabfall	Tausendkorngewicht
Kiefer	30–40	1	März/April	6
Lärche	30–40	1	März/April	6
Douglasie	30–50	0	März–Juni	10
Fichte	50–60	1	Februar–April	8
Tanne	60–80	2	Oktober	44
Hainbuche	30–50	3	Nov./Dez	33
Esche	40–50	3	Okt.–März	59
Ahorn	30–50	1	Okt.–Dez.	125
Buche	50–80	1	Oktober	192
Eiche	50–80	1	Oktober	3.030

Das Tausendkorngewicht gibt, wie der Name schon sagt, das Gewicht von 1.000 Körnern einer bestimmten Baumart an. Innerhalb von Baumarten kann das Tausendkorngewicht aber schwanken, abhängig von Herkunft des Baumes, Witterung und Wassergehalt.

Ablauf einer Sukzession: Auf der Wiese entwickelt sich eine Strauchschicht, in der einzelne Bäume wachsen.

Transport

Sind die Samen erst einmal gebildet, so geht es darum, den Samen an ein geeignetes Keimbett zu transportieren. Bäume können sich nicht bewegen. Ein Baumsamen muss aber, soll er gedeihen, ein gutes Keimbett finden. Das ist ganz schön schwierig: Der Baum weiß nicht, wo geeignete Stellen für die Keimung seiner Samen zu finden sind. Im Laufe seines Lebens produziert ein Baum daher Millionen von Samen, um die Wahrscheinlichkeit zu erhöhen, dass die Samen am richtigen Ort landen und den Fortbestand der Art sichern. Und dann existiert noch das Problem, dass die Samen an diese Stellen transportiert werden müssen. Für die Transportfrage, also die Samenverbreitung, gibt es je nach Baumart ganz verschiedene Lösungen.

Eine Variante der Samenverbreitung ist die Windverbreitung (**Anemochorie**). Damit der Wind die Samen transportieren kann, dürfen die Samen nur wenig Gewicht haben und sind so gebaut, dass sie flugfähig sind. Die Natur war dabei sehr einfallsreich: Pappeln und Weiden besitzen Haarkränze. An den meisten Samen von Nadelbäumen befinden sich seitlich Flügel, die den Luftwiderstand erhöhen. Noch spezialisierter sind Esche, Ahorn und Ulme. Bei diesen Arten bilden die Samen sogar Flugorgane aus, die einen langen Transport ermöglichen sollen. Damit werden die Samen mehrere Baumlängen weit transportiert. Noch weiter fliegen die sehr leichten Samen der Pionierbaumarten Pappel, Birke und Weide.

Als Baumart, die am Wasser lebt, vertraut die Erle dem Wasser auch ihre Samen an. Erlensamen verfügen über luftgefüllte Schwimmkissen, die ihnen den Wassertransport erlauben. **Hydrochorie** lautet der Fachbegriff dafür. Dank der Schwimmfähigkeit können Erlensamen viele Kilometer Flussstrecke zurücklegen, falls nicht ein hungriger Fisch die Reise abrupt beendet.

Eine unerfreuliche Form der Samenverbreitung, die viele Waldbesucher schon über sich ergehen lassen mussten, sind Kletten. Die gleichnamigen Pflanzen bilden Früchte, die sich mit Widerhaken an Fell – und manchmal auch an menschlicher Haut – anheften. Den Transport durch Tiere nennt man **Zoochorie**. Bäume sind bei der Samenverbreitung durch Tiere weniger aufdringlich, in manchen Fällen belohnen sie den Samentransport sogar mit nahrhaftem Fruchtfleisch. Vor allem Vögel verbreiten Samen. Der bekannteste heimische Vertreter ist der Tannenhäher, der, anders als sein Name vermuten lässt, Zirbensamen sammelt und hortet. Jüngste Untersuchungen haben gezeigt, dass dies nicht immer im Sinne der Zirbe ist: Der Tannenhäher vergräbt die Samen nämlich an trockenen Stellen, die für die Keimung ungünstig sind. Für den Vogel bleiben die Samen so allerdings länger als Nahrung verfügbar. Eichhörnchen sind die besseren Samenverbreiter: Sie sind nicht auf eine Art spezialisiert, sondern sammeln und vergraben alle Arten von Samen, derer sie habhaft werden können. Das Erinnerungsvermögen eines Eichhörnchens ist aber sehr beschränkt. Nach dem Zufallsprinzip werden die Verstecke mit den Samen im Winter aufgesucht – viele werden dabei aber vergessen.

Die Fähigkeit, Samen über lange Distanzen zu transportieren, ermöglicht Bäumen, lebensfeindliche Zeiten an anderen Orten zu überdauern und später die alten wieder zu besiedeln. Während der letzten Eiszeit in Mitteleuropa war das Klima für Bäume zu rau. Als das Klima wieder milder wurde, sind der Reihe nach Hasel, Kiefer, Birke, Fichte, Tanne, Buche und Eiche wieder eingewandert. Aber nicht allen Arten gelang das: Thuja, Douglasie und Rosskastanie wurden Opfer der Eiszeit, erst der Mensch hat sie wieder angesiedelt.

Tab.: **Verbreitungsmedium und mögliche Entfernungen**

Samengewicht	Verbreitung durch	Baumarten	Zurückgelegte Entfernung
sehr leicht	Wind	Pappel, Weide, Birke	bis mehrere km
leicht	Wind	Ulme, Esche, Ahorn, Linde, Fichte, Kiefer, Tanne, Lärche, Douglasie	mehrere Baumlängen
leicht	Wasser	Erle	mehrere km
mittelschwer	Vögel	Kirsche, Vogelbeere, Elsbeere, Mehlbeere	Kronenbereich bis mehrere km
schwer	Vögel	Eiche, Buche, Zirbe	im Kronenbereich

Während des Samentransports geht eine große Menge an Samen verloren: Sie werden gefressen oder einfach an Orte geweht, die sich als Keimbett nicht eignen. Doch auch wenn der Samen auf geeignetem Boden ankommt, drohen ihm noch eine Menge Gefahren: Insekten, Vögel und Säuger können den Samen fressen, Pilze ihn parasitieren sowie ungünstige Witterung ihn austrocknen oder im Falle von Spätfrost erfrieren lassen. Die günstigsten Überlebenschancen hat der Samen daher auf Stellen mit freigelegtem Mineralboden. Solche „Bodenverwundungen“ können auf vielfältige Art und Weise entstehen: durch menschlichen Einfluss wie etwa durch Holzrücken, das Herausheben von Wurzeltellern bei Stürmen und auch Wildschweine „pflügen“ den Waldboden bei ihrer Suche nach Nahrung.

Keimung

Hat ein Samen all diese Gefahren überwunden, kommt es zur Keimung. Damit ein Samen keimt, muss es ausreichend feucht und warm sein. Dann beginnt der Samen zu quellen. Dieser Vorgang ist unabhängig vom Lichtzustand, er findet daher sowohl auf Freiflächen als auch in dichten Beständen statt. Beim Quellen treibt die Keimwurzel aus und versucht sich im Substrat zu verankern und den Wasserbedarf

Eichhörnchen fressen zwar eine große Menge Samen, sie tragen aber auch zur Verbreitung bei.

Kiefernkeimling

Eichenkeimling

Die Umgebung um den Mount St. Helens glich wenige Monate nach dem Vulkanausbruch einer Mondlandschaft.

des Keimlings zu decken. Sind die Böden verdichtet, haben die Keimlinge vieler Baumarten Probleme sich anzuwurzeln. Auch dicke Humusauflagen können die erfolgreiche Keimung behindern, die Keimlinge vertrocknen in diesem Fall meist. Nur in niederschlagsreichen Gegenden wie im Gebirge verläuft die Keimung auf solchen Unterlagen problemlos. Abgeschlossen wird der Keimvorgang durch das Aufrichten des untersten Teils der Sprossachse (Hypokotyl) und das Ausbreiten der Keimblätter (Kotyledonen).

Neben der Wasserversorgung ist die Verfügbarkeit von Licht entscheidend für die weitere Entwicklung des Keimlings. Dabei ist aber zu betonen, dass alle heimischen Baumarten im Keimlingsstadium schattentolerant sind, erst mit zunehmender Entwicklung steigt der Lichtbedarf an.

Die Naturverjüngung benötigt Licht.

Nicht nur der Samen, auch der bereits gebildete Keimling ist immer noch biotischen (belebten) und abiotischen (unbelebten) Gefahren ausgesetzt: Insekten, Pilze, Säugetiere, Konkurrenzvegetation, Frost, Trockenheit, ja selbst Steinschlag und Lawinen können dem kleinen Baum den Garaus bereiten. Daraus wird ersichtlich, warum Bäume jedes Jahr große Mengen von Samen produzieren.

Im Übrigen begleiten die vorher genannten Gefahren einen Baum sein Leben lang, doch je älter und vor allem größer er wird, desto widerstandsfähiger wird er. Ein Baum, der einige Tonnen an Biomasse umfasst, widersteht dem Befall eines Insekts mit Leichtigkeit, während ein solcher Angriff für einen Keimling bereits den Tod bedeuten kann.

Naturverjüngung

Die Naturverjüngung soll als erste Verjüngungsmethode vorgestellt werden, da sie am meisten von den oben genannten natürlichen Grundlagen abhängig ist und der menschliche Eingriff gar nicht oder nur extensiv vorhanden ist.

Wer sich im Wald oder in unmittelbarer Nähe von Wäldern umblickt, kann überall Naturverjüngung in Form von Keimlingen entdecken. Auch wenn der Verlust an Samen sehr hoch ist, so werden in Wäldern derart große Mengen an Samen erzeugt, dass die Ansiedlung von Bäumen auf geeigneten Keimbetten nur eine Frage der Zeit ist. Wie widerstandsfähig Wälder sein können, sollen zwei Beispiele zeigen.

Nach etwa 30 Jahren hat sich die Vegetation am Mount St. Helens erholt und beweist die Widerstandsfähigkeit von Wäldern.

Erfolgreiche Naturverjüngung – Mount St. Helens

Am 18. Mai 1980 explodierte der Vulkan am Mount St. Helens. Es war einer der stärksten Vulkanausbrüche des 20. Jahrhunderts. Die Druckwelle, die sich nahezu mit Schallgeschwindigkeit bewegte, richtete verheerende Schäden bis zu einer Entfernung von 30 km an. Mehr als 9,5 Mio. m³ Holz – das entspricht etwa 50 % des österreichischen Gesamteinschlages – wurden dabei vernichtet. In den Tagen und Wochen nach der Katastrophe glich die Fläche einer toten Mondlandschaft. Doch kaum drei Jahrzehnte nach dieser sehr schweren Störung hat sich bereits wieder eine Pioniervegetation, vor allem bestehend aus Erlen und Tannen, in den höheren Lagen angesiedelt.

Erfolgreiche Naturverjüngung – Bayerischer Nationalpark

Anfang August 1983 warf ein Gewittersturm im Bayerischen Nationalpark rund 70.000 m³ Holz. Durch die großen Mengen an geworfenem Holz entstanden ausgezeichnete Entwicklungsbedingungen für Borkenkäfer. Der Borkenkäfer befiel bis ins Jahr 2005 jedes Jahr mehrere Hundert Hektar Wald. In der Öffentlichkeit war das Bild eines über weite Strecken vernichteten Waldbestandes nur schwer zu vermitteln. Aber auch in diesem Fall kam der Wald zurück: Ebereschen, Fichten und Buchen sind nun in der Naturverjüngung zu finden.

Diese Beispiele sollen vor Augen führen, wie groß das Potenzial von Wäldern ist, sich an Lebensräumen wieder anzusiedeln, die einer schweren Störung unterlagen. Dies soll auch ein Trost sein für Waldbesitzer, deren Bestand Opfer eines Windwurfs oder einer ähnlichen Kalamität wurde. Natürlich ist der wirtschaftliche Verlust schmerzhaft und das Chaos eines starken Windwurfs, wo Stämme und Wurzelteller kreuz und quer liegen, erscheint fürchterlich für den Waldbesitzer. Aber der Wald wird sich wieder durchsetzen.

Natürlich kann es aber auch vorkommen, dass die Naturverjüngung fehlt oder fast gar nicht aufzufinden ist.

Ursachen für fehlende Naturverjüngung können sein:

- **Fehlen von Samenbäumen:** Die angrenzenden Bestände sind noch zu jung, um Samen auszubilden oder nicht ausreichend vital.
- **Fehlen von geeigneten Keimbetten:** Die Samen finden kein passendes Keimbett, auf dem die Keimung stattfinden könnte. Ursache hierfür können Bestände sein, die kaum Licht auf den Waldboden lassen, wodurch die Keimlinge eingehen, oder es existiert eine Störung des Bodens. Auch verdichtete Böden bereiten vielen Samen Probleme. Auf Böden, die Umweltgiften ausgesetzt waren, entwickeln sich ebenfalls keine Bäume.
- **Wildverbiss:** In Wäldern mit sehr hohen Wilddichten kann der Verbissdruck derart hoch sein, dass es kein Keimling schafft, sich weiterzuentwickeln. Auf solchen Waldböden ist keine Verjüngung anzutreffen.

Naturverjüngung von Fichten unter dem Schirm eines Kiefernbestandes

Holz ist das Endprodukt einer erfolgreichen Verjüngung.

Häufig ist auch ein selektiver Verbiss zu beobachten, denn gerade die Fichte wird vom Wild nicht sehr geschätzt, während andere Baumarten gerne angenommen werden. In solchen Beständen ist in der Naturverjüngung häufig nur die Fichte anzutreffen.

Es kann also in einzelnen Fällen erforderlich sein, dass eine künstliche Verjüngung notwendig wird. Daneben gibt es auch einige Methoden, mit denen der Waldbesitzer den Prozess der natürlichen Verjüngung begünstigen kann.

Von der Naturverjüngung auszuschließen sind Bestände, die mit standortsfremden Baumarten bestockt sind. In der Mehrzahl der Fälle betrifft dies Fichten. Doch das ist leichter geschrieben als getan. Dass Fichtensamen keimen und heranwachsen, ist nicht zu verhindern, insbesondere in Gegenden, wo die Fichte nahezu als einzige Baumart vorkommt. Was der Waldbesitzer tun kann, ist, im Zuge der Jungwuchspflege die unerwünschten Baumarten zu entfernen. Dabei muss aber nicht dogmatisch vorgegangen werden und nicht jede naturverjüngte Fichte vernichtet werden. Als Mischbaumart können auch Fichten bis zu einem Anteil von 10 % in Regionen belassen werden, in denen sie standortsfremd sind. Denn diese Fichten haben durch ihr erfolgreiches Heranwachsen ohne menschlichen Eingriff bewiesen, dass sie einigermaßen an die Standortsbedingungen angepasst sind.

Überhaupt ist die Standortstauglichkeit einer der größten Vorteile der Naturverjüngung. Die Samen, die es geschafft haben zu keimen, haben damit auch bewiesen, dass sie mit den kleinstandörtlichen Bedingungen zurechtkommen. Dies trifft vor allem zu, wenn sich mehrere Baumarten an der Naturverjüngung beteiligen. Auch unterliegen naturverjüngte Pflanzen nicht der Gefahr eines Pflanzschadens – bei Pflanzungen einer der Hauptgründe für das Absterben der Jungpflanzen. Das wichtigste Argument für den Kleinwaldbesitzer, dessen Ressourcen begrenzt sind, ist aber die Möglichkeit, das Gratisangebot der Natur zu nutzen.

Große Forstbetriebe nutzen schon lange die Naturverjüngung, da die Kosten für Aufforstungen – vor allem die Personalkosten sind hoch bei dieser arbeitsintensiven Verjüngungsmethode – einer der größten Kostenpunkte in der Bilanz darstellen. Was für den professionellen Forstbetrieb gilt, ist daher auch richtig für den Kleinwaldbesitzer.

Doch es gibt auch einige **Nachteile der Naturverjüngung**: Der Waldbesitzer ist ab-

Auf diesem Kahlschlag verjüngen sich Laubhölzer wie Birke und Salweide zwischen den gepflanzten Fichten.

hängig vom Samenertrag. Dies kann etwa bei Kahlschlägen ein Problem geben, wenn es nur Sprengmasten gibt und sich die Kahlfläche deshalb nicht naturverjüngen lässt. Außerdem ist die Naturverjüngung ungleichmäßiger verteilt als jede künstliche Verjüngung durch den Menschen. Wind und Tiere halten sich nicht an menschliche Wunschvorstellungen. Deshalb können neben Flächen, die sich naturverjüngen, auch Lücken entstehen, in der keine junge Pflanze wächst. Bei Nutzung der Naturverjüngung erspart man sich zwar normalerweise eine Bodenbearbeitung. Gleichzeitig tritt dadurch aber eine höhere Gefährdung durch Konkurrenzvegetation für die Naturverjüngung auf.

Ein Argument, das früher oft gegen die Naturverjüngung gebracht wurde, lautet, dass es bei Naturverjüngungen notwendig sei, „unerwünschte" Baumarten zu entfernen. Wenn es sich aber dabei nicht, wie bereits erwähnt, um standortsfremde Fichten handelt, gibt es für den Waldbesitzer keine „unerwünschten" Baumarten. Pionierbaumarten wie Birke, Eberesche und Aspe liefern durch ihre rasch zersetzbare Streu einen wertvollen Beitrag für die Bodenverbesserung. Und in Zeiten, in denen Holz wieder stark an Bedeutung als Brennstoff gewonnen hat, ist auch das Holz solcher Baumarten wirtschaftlich interessant.

Verjüngung auf Kahlflächen

Auf Kahlflächen kann mit Naturverjüngung gearbeitet werden. In Österreich sieht das Forstgesetz einen Zeitraum von acht Jahren vor, in dem die Naturverjüngung gesichert sein muss.

Auszug aus dem Forstgesetz

§ 13 Wiederbewaldung

(1) Der Waldeigentümer hat Kahlflächen und Räumden, im Schutzwald nach Maßgabe des § 22 Abs. 3, mit standortstauglichem Vermehrungsgut forstlicher Holzgewächse rechtzeitig wiederzubewalden.

(2) Die Wiederbewaldung gilt als rechtzeitig, wenn die hiezu erforderlichen Maßnahmen (Saat oder Pflanzung) bis längstens Ende des fünften, dem Entstehen der Kahlfläche oder Räumde nachfolgenden Kalenderjahres ordnungsgemäß durchgeführt wurden.

(3) Die Wiederbewaldung soll durch Naturverjüngung erfolgen, wenn in einem Zeitraum von zehn Jahren eine Naturverjüngung durch Samen, Stock- oder Wurzelausschlag vorhanden ist, die eine volle Bestockung der Wiederbewaldungsfläche erwarten lässt.

(4) Bringt in Hochlagen die Naturverjüngung offensichtlich Vorteile gegenüber der Aufforstung, kann die Behörde die gemäß Abs. 3 vorgeschriebene Frist um höchstens fünf Jahre verlängern, sofern gegen die Verlängerung keine Bedenken aus den Gründen des § 82 Abs. 1 lit. a bestehen.

Auf großen Kahlflächen kann aber nicht immer mit dem Erfolg der Naturverjüngung gerechnet werden, und zwar aus mehreren

Vorwald aus Birke und Salweide, in dem sich Fichten und Kiefern natürlich verjüngen.

Gründen, wie schon angesprochen wurde. So kann das Angebot an Samen der angrenzenden Bestände nicht ausreichen, damit sich die gesamte Kahlfläche verjüngt. Ebenso kann das Wild – gerade auf Rehe wirken Kahlflächen äußerst attraktiv, weil sie Äsung und gleichzeitig den Schutz der angrenzenden Bestände bieten – die erfolgreiche natürliche Verjüngung behindern. Und schließlich ist die Konkurrenzvegetation zu nennen, die vor allem auf Standorten mit guter Nährstoff- und Wasserversorgung schnell heranwächst. Mittelfristig werden sich in so einem Fall auch die Bäume durchsetzen, die Frage ist aber, ob man hierbei nicht mit dem Forstgesetz in Konflikt gerät. Dem in der forstlichen Praxis lange verbreiteten Argument, man müsste die Verjüngung so schnell wie möglich hochbringen, ist aber nicht zu folgen. Bei Umtriebszeiten von mindestens 80 Jahren und noch mehr sind einige Jahre mehr oder weniger, welche die Baumverjüngung benötigt, um heranzuwachsen, doch eher zu vernachlässigen – der aktuelle Waldbesitzer wird das Ende der Umtriebszeit kaum noch erleben.

Es stellt sich nun die Frage, ob es dem Waldbesitzer möglich ist, die Naturverjüngung zu steuern oder zu fördern, um die oben erwähnten Nachteile zu vermeiden. Eine Möglichkeit ist die Verjüngung über die Nutzung eines Vorwaldes.

Der Vorwald

Eine Kahlfläche wird durch eine Abfolge von Pflanzengesellschaften wiederbesiedelt. Diesen Vorgang nennt man **Sukzession**. Auf der Freifläche wachsen zunächst Gräser, Kräuter und Sträucher. Pionierbaumarten wie Birke, Eberesche und Salweide siedeln sich als erste Baumarten an. Unter dem sehr lichten Schirm der Pionierbaumarten verjüngen sich in weiterer Folge Baumarten, die mehr Schatten vertragen.

Baut der Waldbesitzer einen solchen Vorwald an, nutzt er die natürlichen Vorgänge der Sukzession aus. Der Vorwald dient aber nicht nur dazu, die Konkurrenzvegetation zu bekämpfen. Im Vorwald herrscht auch ein milderes Klima. Durch den Schirm der Baumkronen sinkt die Sonneneinstrahlung und es wird tagsüber kühler. In der Nacht verhindert die Kronenschicht, dass Wärme abgestrahlt wird. Zudem verbessern Pionierbaumarten den Humuszustand. Die leicht zu zersetzende Streu von Birke und Aspe wird vom Bodenleben gern angenommen.

Die typischen **Vorwaldbaumarten** sind Birke, Aspe, Salweide, Grauerle und Eberesche. Alle diese Arten verfügen über ein sehr rasches Jugendwachstum. Durch das schnelle Wachstum in der Jugend können sich diese Baumarten gegenüber Gräsern und Kräutern durchsetzen. Pionierbaumarten sind lichtbedürftig und frosthart. Sie durchwurzeln den Boden mit ihrem intensiven Herzwurzelsystem und werden selten über 100 Jahre alt. Die Pionierbaumart schlechthin ist die Birke, da sie nahezu alle Standorte besiedelt. Ob Trockenheit oder Frost, die Birke kommt mit allen Standortsbedingungen zurecht. Die Birke kommt sowohl in Reinbeständen als auch in Mischbeständen mit Aspe und Salweide vor. Obwohl die Aspe zu den Pappeln zählt, siedelt sie sich

Erfolgreiche Fichtenverjüngung unter dem Schirm eines Kiefernbestandes

an trockenen Standorten an. Die Salweide nutzt wie die Birke eine Vielzahl von Standorten, allerdings wächst sie langsamer und kommt oft nur in Strauchform vor. Die Grauerle wächst in montanen Regionen zwischen 500 und 1.400 m Seehöhe. Mit ihren starken Wurzeln eignet sie sich auch zur Böschungssicherung. Sie wirkt bodenverbessernd, da sie eine Symbiose mit Wurzelknöllchenbakterien eingeht, die Stickstoff im Boden fixieren. Die Eberesche liefert von allen Pionierbaumarten das wertvollste Holz. Sie verträgt Beschattung besser als die anderen Pionierbaumarten und steigt bis ins Hochgebirge. Die Früchte der Eberesche werden von vielen Tieren gefressen. Sie wird auch gern vom Wild verbissen und geschält, wogegen sie jedoch sehr tolerant ist.

Sukzession

Bestimmte Pflanzenarten haben sich darauf spezialisiert, unbewachsene Standorte zu besiedeln. Als Sukzession versteht man die **Abfolge von Pflanzengesellschaften auf einem Standort**. Dabei unterscheidet man zwischen Primär- und Sekundärsukzession. Bei der **Primärsukzession** wird ein Standort von Pflanzen erstmals besiedelt, etwa auf Inseln. Bei **Sekundärsukzessionen** besiedeln Pflanzen einen Standort nach einer schweren Störung (Bergsturz, Feuer, Lawine). Die Sukzession verläuft gerichtet, d. h., es ist vorhersagbar, welche Pflanzengesellschaft auf die nächste folgt. Eine Sukzession verläuft nach folgendem Schema: Zuerst siedeln sich Gräser und Kräuter an, danach folgen Hochstauden und Sträucher. Den ersten Pionierbaumarten folgen dann schattenertragende Baumarten wie Buche, Tanne und Fichte.

Durch den Vorwald sollen sich die **Zielbaumarten** wie Fichte, Eiche oder Buche leichter verjüngen. Pionierbäume siedeln sich überall dort an, wo reichlich Licht zur Verfügung steht, von der Straßenböschung bis zum Großkahlschlag. Ein Vorwald ist aber erst ab einer Schlagfläche größer als 0,5 ha nötig. Kleinere Freiflächen werden vom benachbarten Bestand beeinflusst, das milde Waldinnenklima bleibt größtenteils erhalten. Den Vorwald begründet man aus einem Mix von Naturverjüngung und Saat, wobei die Saat nur unterstützend wirken soll. Bevor der Waldbesitzer sät, soll er durch Begehen der Fläche einen Eindruck über das Vorkommen der Pionierbaumarten gewinnen. Sind auf der Fläche überhaupt keine Pionierbaumarten zu finden, ist das ein Zeichen für eine Bodenstörung. In den meisten Fällen wird es sich dabei um einen stark verdichteten Boden handeln. Für die Saat soll eine Samenmenge von etwa 10–15 kg/ha händisch ausgebracht werden. Welche Pionierbaumart gesät wird, ist zweitrangig, den größten Erfolg verspricht eine Saatmischung mehrerer Arten.

Nach etwa fünf Jahren kann damit begonnen werden, die Zielbaumarten in den Vorwald einzubringen. Ausgehend von den Lichtbedürfnissen der Zielbaumart entscheidet der Waldbesitzer, wie stark er in den Vorwald eingreift, um die Zielbaumarten zu fördern. Vor allem bei Eichenpflanzungen empfiehlt es sich, in unmittelbarer Nähe der jungen Eichen das Bestandesdach zu öffnen. Schattenertragende Baumarten wie Fichte, Tanne, Douglasie oder Buche brauchen jedoch kaum Unterstützung. Wenn die Verjüngung der Zielbaumarten gesichert ist (Baumhöhen über 1,3 m), kann der Vorwald zur Gänze geschlägert werden. Notwendig ist die Räumung aber aus waldbaulicher Sicht nicht.

In sehr lückigen Beständen, wie etwa in Gebirgswäldern, dringt viel Licht auf den Boden und die Naturverjüngung ist überall zu finden.

Pionierbaumarten sind gegenüber anderen Baumarten kaum konkurrenzfähig, zudem sind sie kurzlebig. Ein Argument dafür, den Vorwald zu belassen, ist die Astreinigung. Vor allem bei Laubbäumen verbessert sich dadurch die Holzqualität entscheidend.

Verjüngen in Altbeständen

Soll ein bestehender Wald natürlich verjüngt werden, ist insbesondere den Lichtbedürfnissen der einzelnen Baumarten großes Augenmerk zu schenken.

Tab.: **Lichtbedürfnisse von Bäumen**

Lichtbedürfnis	Baumart	Einstufung als
sehr lichtbedürftig	Birke, Larche, Kiefer, Aspe, Kirsche, Schwarzerle	Lichtbaumart
lichtbedürftig	Eiche, Weißerle, Walnuss, Esche	Halblichtbaumart
intermediär	Zirbe, Ulme, Elsbeere, Spitzahorn, Linde	
schattenertragend	Hainbuche, Bergahorn, Edelkastanie, Fichte, Douglasie	Halbschattbaumart
sehr schattenertragend	Buche, Tanne, Eibe	Schattbaumart

Licht wird den jungen Pflanzen streitig gemacht von den Bäumen des Altbestandes sowie durch die Bodenvegetation. Naturverjüngung kommt normalerweise unter dem Schirm des Altbestandes auf. Aus dem Lichtbedarf der Jungpflanzen ergibt sich der zeitliche Spielraum, also der Zeitraum, innerhalb dessen die Räumung des Altbestandes erfolgen muss. Die Fähigkeit, Schatten zu ertragen, hängt aber auch von anderen Standortsfaktoren wie den verfügbaren Nährstoffen, der Lufttemperatur und dem Wasserhaushalt ab. Auf einem guten Standort wird dementsprechend die Fähigkeit, Schatten zu ertragen, höher sein als auf armen Standorten.

Das beste Wachstum erreichen Bäume unter vollem Lichtgenuss. Allerdings sind damit auch einige Nachteile verbunden: Auf der Freifläche sind die Jungpflanzen der Sonneneinstrahlung komplett ausgeliefert, es kann zur Austrocknung kommen sowie zur Überhitzung der bodennahen Luftschicht. Auch Spätfröste wirken stärker auf Freiflächen als unter dem Schirm des Altbestandes.

Licht bedeutet Leben: Ab einem gewissen Punkt, wo genauso viel Energie für die Atmung benötigt wird, wie von der Photosynthese produziert wird, stirbt die Pflanze ab. Bei schattenertragenden Bäumen wie Tanne oder Eibe liegt dieser Punkt niedriger als bei Kiefer oder Eiche. Aber auch Pflanzen, die noch über diesem Punkt liegen, sind wenig vital und widerstandsfähig. Bei Lichtentzug geht vor allem die Ausbildung der Wurzeln zurück, was wiederum zu einem Wassermangel führt.

Der Waldbesitzer kann die Naturverjüngung jedoch unterstützen, und zwar indem er den Altbestand auflichtet. Je nach Baumart kommen verschiedene waldbauliche Methoden in Frage, mit denen sich der Lichtbedarf der Jungpflanzen steuern lässt. Das muss aber mit Vorsicht geschehen, da zu starke Eingriffe die Bodenvegetation wie Gräser, Kräuter und Hochstauden fördert. Um dies zu verhindern, sind verschiedene Methoden entwickelt worden, mit deren Hilfe sich die Naturverjüngung entwickeln kann, ohne dass die Bodenvegetation maßgeblich gefördert wird. Die Verfahren werden im Folgenden kurz vorgestellt.

Tab.: **Verjüngungsverfahren je nach Baumart**

Verfahren	Baumart
Schirmschlag	Buche, Hainbuche, Fichte, Douglasie, Linde, Tanne
Femelschlag	Ahorn, Esche, Kirsche, Ulme

Schirmschlag

Der Schirmschlag ist vor allem die Methode der Buchenverjüngung, kann aber auch bei einer Reihe von anderen Baumarten erfolgreich angewandt werden. Dabei werden auf der ganzen Fläche gleichmäßig Stämme entnommen (geschlägert). So wird das Kronendach aufgelockert und dadurch die Naturverjüngung gefördert. Der Schirmschlag ist aber kein einmaliges Vorgehen, sondern besteht aus mehreren, aufeinanderfolgenden Hieben.

- Der **Vorbereitungshieb** dient dazu, dass Samen gebildet werden. Dabei sollen vor allem vorherrschende Bäume mit guter Qualität gefördert werden, indem benachbarte Konkurrenten entfernt werden. Etwa 15 % der Stammzahl werden geschlägert.
- Nach dem Samenfall erfolgt der **Besamungshieb**, wobei vor allem breitkronige Bäume gefällt werden, die bei einem Einschlag größere Schäden bei der Verjüngung verursachen würden. 30–40 % der Stammzahl werden geschlägert.
- Frühestens im zweiten Winter nach der Ansamung wird der **Lichtungshieb** durchgeführt.
- Beim **Räumungshieb** werden die letzten Bäume des Altbestandes entnommen.

Femelschlag

Im Gegensatz zum Schirmschlag werden beim Femelschlag nicht gleichmäßig, sondern konzentriert auf kleiner Fläche Lücken in den Bestand geschlagen. Die Größe dieser Lücken kann eine bis mehrere Baumlängen umfassen. Sie sind ungleichmäßig über den ganzen Bestand verteilt.

Der Vorteil des Femelschlags liegt darin, dass auf kleiner Fläche genügend Holz anfällt, um die Holzerntekosten zu decken. Dies spielt vor allem im Bergwald, wo man auf kostenintensive Seilkrannutzungen angewiesen ist, eine große Rolle. Gleichzeitig werden die Bestandeslücken aber noch von den angrenzenden Bäumen beschattet, somit wird die Bodenvegetation kontrolliert.

Das Kronendach ist offen genug, damit Samen keimen können.

Lichtbaumarten wie die Birke bilden lichte Kronendächer.

Lückiges Kronendach eines Fichtenbestandes

Abb.: **Bestandesentwicklung von Altbestand und Verjüngung beim Schirmschlag**

Abb.: **Bestandesentwicklung von Altbestand und Verjüngung beim Femelschlag**

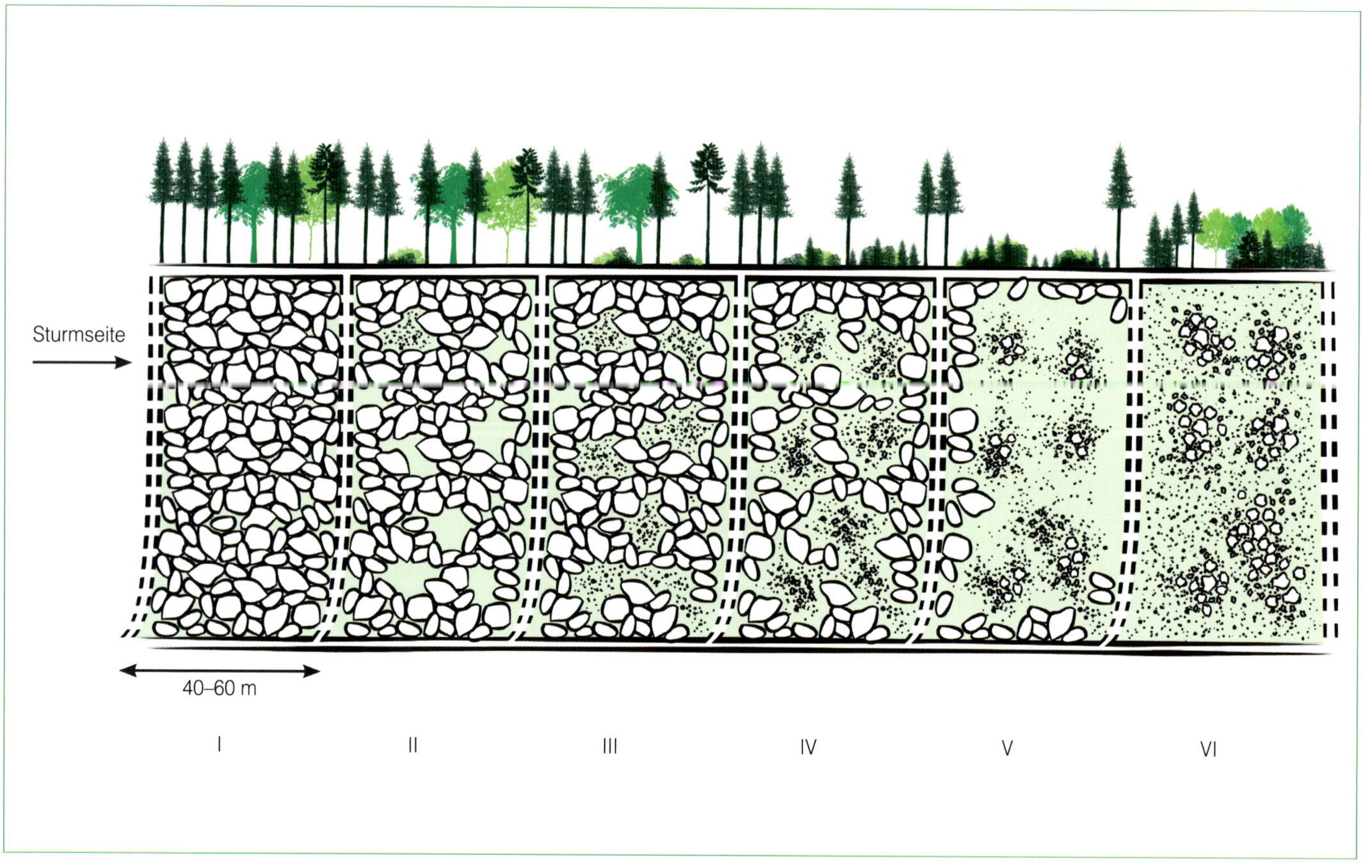

Kadaververjüngung

Eine Sonderform der Naturverjüngung ist die Kadaververjüngung. Dabei entwickeln sich, wie schon erwähnt, Keimlinge auf liegendem Totholz. Vor allem in Urwäldern ist dieses Phänomen häufig zu beobachten. Im Wirtschaftswald, wo kaum Holz vorhanden ist, ist die Kadaververjüngung daher selten, sie kann aber auch auf Stöcken vorkommen.

Der Vorteil in der Kadaververjüngung liegt im Keimbett und im Höhenvorteil, den die Keimlinge gegenüber der Bodenvegetation genießen. In Beständen, in denen Bäume durch Windwurf zu Fall gebracht wurden, ist es daher für den Waldbesitzer eine Überlegung, Stämme mit schlechter Qualität (Stammbruch) als Substrat für die Naturverjüngung liegen zu lassen. Allerdings ist sicherzustellen, dass das Holz schnell austrocknet, damit kein Brutmaterial für Borkenkäfer geschaffen wird. Eventuell kann das Holz auch händisch mit einem Schäleisen entrindet werden.

Freier Raum wird auch von reifen Bäumen genutzt, wie dieser Buchenast beweist.

Fazit

Naturverjüngung passiert laufend und kann daher vom Waldbesitzer nicht aktiv beeinflusst, sondern **nur gefördert** werden. Das macht er, indem etwa Samenbäume im Bestand freigestellt werden. Frostempfindliche Baumarten wie Buche oder Tanne sind für die natürliche Verjüngung besonders dankbar. Nur in sehr wenigen Fällen ist die Naturverjüngung nicht möglich, wenn etwa Samenbäume auch in mehreren Kilometern Entfernung gänzlich fehlen oder der Boden nicht aufnahmefähig ist (Bodenverdichtung). Wo immer möglich sollte aber das Potenzial der Naturverjüngung ausgenutzt werden.

Naturverjüngung ist **sowohl auf Freiflächen als auch unter dichtem Schirm** möglich. Bei Buche ist sie im Zuge des Schirmschlags die wichtigste Verjüngungsart. Auch kann sie als Ergänzung zu Saat und Pflanzung genutzt werden.

Für die Naturverjüngung sprechen der nicht vorhandene Arbeitsaufwand sowie das Aufkommen standortsangepasster Pflanzen. In Beständen, in denen standortsfremde Baumarten stark dominieren (Fichte im Weinviertel), kann es aber aus Mangel an anderen Samen dazu kommen, dass sich auch standortsfremde Baumarten vermehren. Fehlende Naturverjüngung ist meist auf starken Wildverbiss zurückzuführen.

Fichte, die sich auf Moderholz verjüngt.

Ehemaliger Vorwald, der nun von Fichten und Kiefern dominiert wird.

Mischbestand im Herbst

Saat

Die Saat ist die Verjüngungsmethode, für die auch einiges zutrifft, was bereits über die Naturverjüngung zu lesen war, allerdings gibt es bei dieser Variante bereits einen deutlichen menschlichen Eingriff durch die Auswahl des Saatgutes und das Aussäen.

Bereits im 14. Jahrhundert wurden erstmals gezielt Samen ausgestreut, um Wald zu kultivieren. Die Saat erlebte ihren Höhepunkt um das 17. Jahrhundert, danach verlor sie zusehends an Bedeutung, da sie vor allem von der Pflanzung ersetzt wurde. Auch wenn in großen Forstbetrieben kaum noch gesät wird, ist diese Verjüngungsmethode gerade für den Kleinwaldbesitzer eine praktikable und einfache Methode der Waldverjüngung.

Die Saat bietet **Vorteile**, die denen der Naturverjüngung ähneln: Von Beginn an kann die junge Pflanze ungestört ihre Wurzeln entwickeln und die kleinstandörtlichen Verschiedenheiten werden ausgenutzt. Die Saat bietet sich auch als Ergänzung an: In Naturverjüngungen, wo eine oder mehrere Baumarten fehlen, können diese durch die Saat auf einfache Weise eingebracht werden. Dasselbe gilt für Pflanzungen. Wenn sorgfältig gesät wird, kann auf der Verjüngungsfläche eine homogene Bestockung erreicht werden. Diese wiederum garantiert geringe Astigkeit und gute Auslesemöglichkeiten. Besonders bei Laubholzkulturen ist das entscheidend. Überhaupt ist die Saat neben der Naturverjüngung die Hauptverjüngungsart, um Laubholzbestände zu begründen. Da Laubholz sehr hohe Pflanzzahlen benötigt, liegt es auf der Hand, dass hier die Saat eher in Frage kommt als eine Aufforstung. Vor allem bei größeren Verjüngungsflächen trifft dies zu.

Insgesamt ist die Saat als weitaus kostengünstiger als die Pflanzung zu sehen. Außerdem ist die Arbeit weniger zeitaufwendig und kann auch von ungeschultem Personal durchgeführt werden.

Die Saat hat aber auch einige **Nachteile**. Bei großen Flächen kann der Bedarf an Saatgut ein Problem werden. Bevor mit der Saat begonnen wird, sollte deshalb vorsorglich geklärt werden, woher man als Waldbesitzer den benötigten Samen bezieht und ob der Lieferant auch in der Lage ist, die benötigte Menge zu liefern. Eine erfolgreiche Saat ist auch von der Witterung abhängig. Unerwartete Trockenperioden können das Auflaufen der Samen und die Entwicklung der Keimlinge stark beeinträchtigen.

Saat und Bodenvorbereitung – geht es ohne?

In der Regel geht in Forstbetrieben der Saat eine Bodenbearbeitung voraus. So wird ein günstiges Keimbett geschaffen. Nicht notwendig ist die Bodenbearbeitung auf unkrautfreien Böden, die über eine dünne Humusschicht (Mull) verfügen.

Tab.: **Saatverfahren**

Verfahren	Art der Bodenbearbeitung	Baumart	Vor- und Nachteile	Bedeutung
Vollsaat	Gelegentlich, wenn aber, dann auf gesamter Fläche	Birke	Große Flächen können verjüngt werden, allerdings großer Samenbedarf	Wurde früher durchgeführt, um Vorwälder zu begründen, hat aber stark an Bedeutung verloren, da sich die Birke und andere Pionierbaumarten auf den meisten Flächen ohnehin natürlich verjüngen
Streifensaat	Streifenweise maschinell, sowohl auf Freifläche als auch unter Schirm	Buche, Kiefer	Gute Flächenabdeckung mit guten Pflegemöglichkeiten	Zur Ergänzung von Buchennaturverjüngungen
Rillensaat	Pflügen maschinell oder mit Pferd (bodenschonender), in sehr steilem Gelände auch mit Handwerkzeugen	Eiche, Buche, Kiefer	Rasches Überwinden der Unkrautkonkurrenz, möglicherweise hohe Verluste durch Wildschweine	Methode, um Eichenverjüngungen zu etablieren
Pflätzesaat	Gelegentlich	Lärche, Buche, Eiche	Gute Anpassungsmöglichkeiten an Flächen	Zur Ergänzung von Naturverjüngungen, eventuell, um unter Schirm zu verjüngen
Einzelsaat	Keine	Eiche, Nuss, Edelkastanie		Vor allem bei großen, schweren Samen üblich

Wie schon erwähnt, liegt ein Vorteil der Saat in ihrer einfachen Ausführung. Es gibt zwar mittlerweile schon Sämaschinen und in Nordamerika wird auf Großkahlschlägen sogar vom Flugzeug aus gesät, ebenso wie in Australien, in Mitteleuropa wurden diese Praktiken aber bisher nicht verwendet. Für den Kleinwaldbesitzer wird in der Regel auch das Ausstreuen per Hand die praktikabelste Form darstellen.

Der Keimerfolg wird wesentlich verbessert, wenn die ausgestreuten Samen mit Erde abgedeckt werden. Wie viel Erde verwendet werden muss, hängt von der Größe der Samen ab. Nadelbaumsamen werden höchstens 1 cm, die wesentlich dickeren und größeren Eicheln bis zu 5 cm tief eingebracht. Als Faustformel gilt, dass die Samen dreimal so hoch mit Boden bedeckt werden sollen, wie die Samenkörner dick sind.

Familienprojekt Pflanzung

Saatzeit

Gesät werden kann im Herbst oder im Frühjahr. Eicheln werden im Herbst gesät, da dadurch die schwierige Winterlagerung vermieden wird. Nadelbaumsaaten werden im zeitigen Frühjahr ausgebracht, um die Winterfeuchtigkeit für den Keimprozess zu nutzen. Aber Obacht: Wenn zu spät im Frühjahr gesät wird, besteht die Gefahr, dass die Samen einer Trockenperiode zum Opfer fallen. Birken können auch per Schneesaat ausgebracht werden, da die Birke die Feuchtigkeit während der Keimung ausnutzen kann.

Tab.: **Saatgutmengen bei verschiedenen Baumarten**

Baumart	Menge kg/ha
Eiche	350–750
Buche	200–300
Birke	30
Schwarznuss	250–300
Esskastanie	250–500
Kiefer	3
Sonstiges Nadelholz	3

Bei den oben gezeigten Mengen ist zu beachten, dass die Samen verschiedener Baumarten unterschiedliche Gewichte haben. Außerdem ist zu erwähnen, dass die genannten Mengen für Vollsaaten für einen gesamten Hektar berechnet sind, bei kleineren Verjüngungsflächen wird somit auch die Menge an benötigtem Saatgut erheblich kleiner.

Herkunft und Genetik

In früheren Zeiten gab es bei künstlichen Verjüngungen oft das Problem, dass Pflanzen oder Samen verwendet wurden, die nicht an die

Lichter Laubholzbestand

standörtlichen Gegebenheiten angepasst waren. Das Resultat waren Bestände mit schlechten Zuwachsraten und hohe Ausfälle in den Kulturen. Daher wurde es zur Regel, zuerst die Herkunft des Pflanzmaterials zu klären, bevor gesät wird. Je nach Herkunft haben Bäume unterschiedliche Zuwachsleistungen und eine verschieden hohe Toleranz gegenüber Frost und Trockenheit. Aber nicht nur die Herkunft ist darüber entscheidend, wie der zukünftige Bestand sich entwickeln wird, sondern auch die genetischen Voraussetzungen, die ihm bei der Begründung mitgegeben werden. Werden astige, abholzige, krumme Bäume mit schlechtem Holzwachstum oder ähnlichen negativen Eigenschaften vermehrt, dann wird die Folgegeneration ebenfalls durch diese negativen Eigenschaften gekennzeichnet sein.

Um das zu vermeiden, wurde in Österreich ein forstliches Vermehrungsgutgesetz erlassen. Es dürfen nur Samen von anerkannten Erntebeständen genutzt werden. Von der Samenernte bis zum Verkauf an Kunden müssen die Forstgärten die Herkunft nachweisen können. Das österreichische forstliche Vermehrungsgutgesetz setzt im internationalen Vergleich sehr hohe Maßstäbe hinsichtlich der Kennzeichnung und der Nachvollziehbarkeit. In Österreich existieren derzeit 56 Plantagen, in denen 16 Baumarten bewirtschaftet werden. Betrieben werden diese Plantagen vom Bundesforschungszentrum für Wald. Somit soll gesichert sein, dass nur geeignetes Material an die Waldbesitzer weitergegeben wird.

Sammeln von Samen – eine Alternative?

Neben dem Erwerb von Pflanzmaterial in Forstgärten gibt es auch die Möglichkeit, Samen selbst zu ernten. Diese Möglichkeit erscheint auf den ersten Blick als kostengünstige Methode, um Saatgut zu erhalten. Generell ist dem Kleinwaldbesitzer eher davon abzuraten, da das Sammeln äußerst arbeitsintensiv ist. Zudem ist nicht nur die Samenernte schwierig, sondern auch die Vorbereitung der geernteten Samen ebenso wie die korrekte Lagerung, die verhindern soll, dass die Samen zu früh keimen. Das Sammeln von Fichten- und Tannenzapfen, die bereits am Waldboden liegen, ist übrigens keine geeignete Methode: Nadelbäume werfen ihre Zapfen erst dann ab, wenn sie sich geöffnet haben und die Samen bereits vom Wind weggetragen wurden. Bei der Samenernte ist auch der Grundbesitz zu achten: Samen zu sammeln bedarf der Genehmigung des jeweiligen Waldbesitzers.

Samen werden erst dann geerntet, wenn sie reif sind. Dadurch ergibt sich ein sehr kleines Zeitfenster für die Ernte. Die Zapfen der Tannen zerfallen kurz nach Erreichen des Reifezustandes bereits am Baum, reife Ulmensamen fliegen rasch ab. Vogelkirsche und andere Samen fruchtbildender Baumarten werden zudem gern von Vögeln und Kleinsäugern gefressen. Wird die Ernte aber zu früh durchgeführt, also zu einem Zeitpunkt, wo der Samen

Tab.: **Zeitpunkt und Merkmale der Samenreife heimischer Baumarten**

Baumart	Zeitpunkt Samenreife	Merkmale
Eiche	Ende September/Oktober	Stärkerer Abfall gesunder Früchte bei leichtem Schütteln der Äste
Buche	Oktober	Stärkerer Abfall gesunder Früchte bei leichtem Schütteln der Äste
Linde	September/Oktober	Nach Laubabfall
Birke	Mitte Juni/August	Zäpfchen bräunlich, gelbe Färbung, Neigung zum Aufspringen
Fichte	Ende September/Oktober	Samenkörner rostbraun
Kiefer	Oktober/November	Verholzte Zapfenstiele, bereits im Oktober des 2. Jahres reif
Tanne	September/Oktober	Samen bräunlich
Lärche	Oktober/November	
Ahorn	September/Oktober	Nach Laubabfall
Esche	September/Oktober	Nach Laubabfall
Hainbuche	Oktober	Beginnender Laubabfall, harte Fruchtschale

noch nicht reif ist, kann es bei Laubbäumen zu Problemen bei der Keimung kommen. Daran ist auch ersichtlich, dass es für die erfolgreiche Samenernte notwendig ist, sorgfältig zu planen und zu beobachten, wie es um den Reifegrad der Samenbäume steht. Am ehesten ist noch das händische Aufsammeln bei Baumarten mit großen Samen wie Eicheln, Bucheckern und Nüssen realisierbar. Aber auch hier muss davon ausgegangen werden, dass nur ein Teil der Samen tatsächlich keimfähig ist, da die Samen möglicherweise mit Pilzen oder anderen Pathogenen infiziert sind.

Fazit

Besonders auf **flachgründigen und sehr steinigen Flächen** eignet sich die Saat, da die Pflanzung auf solchen Flächen meist unmöglich ist. Die Saat ist zudem billiger und wesentlich weniger zeitaufwendig als die Pflanzung.

Die Saat kann **sowohl auf Kahlschlägen als auch unter Schirm** im Altbestand erfolgen. Bei Saaten auf Kahlflächen müssen die Samen vor Vogelfraß geschützt werden. Dies kann etwa durch Abdecken mit Reisig geschehen. Starker Vogel- oder Mäusefraß kann nämlich die erfolgreiche Verjüngung erheblich beeinträchtigen.

Im Vergleich zur Naturverjüngung kann das Aufkommen der Zielbaumarten gewährleistet werden. Das Wurzelwerk der Jungpflanzen passt sich an die gegebenen Bodenverhältnisse an. Allerdings birgt die Saat gegenüber der Pflanzung eine größere Unsicherheit. Vor allem auf Kahlschlägen müssen die Bäumchen mit der Schlagvegetation (Himbeere, Tollkirsche, Gräser) konkurrieren.

Pflanzung

Die Pflanzung ist die Verjüngungsmethode, bei der der menschliche Eingriff am stärksten ist, wodurch auch der Arbeitseinsatz und die Kosten höher sind als bei der Naturverjüngung bzw. der Saat. Dafür bringt die Pflanzung aber einige Vorteile mit sich, die sie deutlich von den anderen beiden Methoden unterscheiden. Als wesentlichstes Argument der Pflanzung wird oft der größere Verjüngungserfolg im Vergleich zur Naturverjüngung und zur Saat genannt. Es ist richtig, dass die Bäume bei Pflanzungen gegenüber der Konkurrenzvegetation einen gewissen Vorsprung erhalten. Deshalb kann aber nicht grundsätzlich davon ausgegangen werden, dass sich die Verjüngung bei Aufforstungen erfolgreich etabliert. Fehler bei der Pflanzung, speziell im Privatwald, wo Ungeübte die Pflanzung durchführen, schlechte Witterung, Schäden durch Wild und Insekten sowie die falsche Baumartenwahl können auch bei der Aufforstung auftreten. Zudem ist die Aufforstung mit erheblich höheren Kosten verbunden, Arbeits- und Zeitaufwand sind ebenfalls höher. Vor allem der Kostenfaktor war ein Grund dafür, dass sich vermehrt auch große Forstbetriebe dazu entschlossen haben, die Naturverjüngung zu nutzen.

Beispiel: Kosten einer Verjüngung durch Pflanzung

Der durchschnittliche Preis einer Pflanze liegt je nach Baumart bei etwa 1 Euro. Will man nun 1 ha Fichte aufforsten mit einer Stammzahl von 2.500 Stück, so sind damit schon Fixkosten von 2.500 Euro angefallen, noch ohne Kosten für den Transport und die Pflanzung selbst sowie eventuelle Schutzmaßnahmen (Zaun) zu berücksichtigen. Laubholzaufforstungen, wo die Stückzahlen bei 6.000 und mehr Pflanzen liegen, kommen noch teurer.

Ein weiterer Grund, der gegen die Pflanzung spricht, ist die Bestandesentwicklung: Wie bereits besprochen, nimmt die Stammzahl im Laufe der Zeit stark ab, von einigen Tausend Bäumen bei der Bestandesbegründung erreichen nur einige wenige den Endbestand. Die meisten Bäume sterben dabei in sehr jungen Jahren ab. Das bedeutet für Pflanzungen aber, dass ein Großteil der gesetzten Bäume in einigen Jahren durch die Konkurrenz abstirbt.

Erfolgreiche Kiefernpflanzung

Angesichts der Kosten und des Aufwandes an Zeit und Geld ist daher die Pflanzung als äußerst ineffiziente Verjüngungsmethode zu sehen.

Das bedeutet aber nicht, dass die Pflanzung keine Berechtigung in der modernen Waldwirtschaft hat. Den oben genannten Nachteilen stehen auch einige **Vorteile** gegenüber:

- Unabhängigkeit von Vorbestand und Verjüngungsbereitschaft des Bodens. Auf größeren Kahlschlägen oder Beständen, die durch Kalamitäten wie Windwurf oder Borkenkäfer geschädigt wurden, ist die Pflanzung oft die beste Methode der Bestandesbegründung.
- Das raschere Überwinden der Jugendgefahren. Da die Pflanzen einen Entwicklungsvorsprung mit sich bringen, entwachsen sie schneller der möglichen Gefahr.

Für den Privatwaldbesitzer mit kleinen Waldflächen und begrenzten Ressourcen ist das Bewusstsein wichtig, dass die Pflanzung Kosten und Aufwand verursacht und das Risiko des Pflanzschocks birgt.

Sollte sich der Waldbesitzer für diese Verjüngungsmethode entschließen bzw. keine Alternative vorhanden sein, so ist es notwendig, das gesamte Projekt Aufforstung zu planen und folgende **Fragen abzuklären**:

- Wie groß ist die Fläche und wie viele Pflanzen werden benötigt?
- Ist es notwendig, die gesamte Fläche aufzuforsten oder ist es möglich, Naturverjüngung oder Saat stellenweise anzuwenden?
- Woher beziehe ich meine Pflanzen?
- Wann werde ich pflanzen?
- Wie schütze ich die Pflanzen beim Transport vor dem Austrocknen?
- Welche Pflanztechnik kommt zum Einsatz und bin ich darüber ausreichend informiert und in der Lage, diese umzusetzen?

Herkunft der Pflanzen

Die Pflanzenherkunft (Provenienz) hat die Forstwissenschaft lange Zeit beschäftigt. Viele der Aufforstungen im 19. und auch noch im 20. Jahrhundert misslangen, da das Pflanzmaterial nicht standortstauglich war. Oft war auch die Quelle der Mutterbäume nicht bekannt. Mittlerweile sind diese Fragen aber weitgehend geklärt und der Waldbesitzer kann darauf vertrauen, in geprüften Baumschulen das geeignete Pflanzmaterial zu erhalten.

Online auf www.herkunftsberatung.at wird der Waldbesitzer bezüglich Baumart und Pflanzmaterial beraten und erhält Angebote von Baumschulen, die über geeignetes Material verfügen. Das Risiko, Bäume mit falscher Herkunft zu pflanzen, ist heutzutage für den Waldbesitzer praktisch nicht mehr vorhanden.

Pflanzensortimente

Forstliche Pflanzen werden in drei Formen vertrieben: wurzelnackt, als Ballenpflanzen und im Container.

Wurzelnackte Pflanzen waren lange Zeit am weitesten verbreitet. Alle wurzelnackten Pflanzen müssen eine Reihe von Qualitätsanforderungen erfüllen, beispielsweise an die Höhe und den Durchmesser an der Sprossbasis. **Ballenpflanzen** werden mitsamt einem Wurzelballen aus der Baumschule entnommen und damit an den Pflanzort gebracht. Der Ballen ist dabei in eine Leinwand gehüllt, um die Austrocknung zu verhindern. Ballenpflanzen werden vor allem im Landschaftsbau verwendet. Die neueste Entwicklung sind **Containerpflanzen**. Dabei stecken die Pflanzen in kleinen Gefäßen, mit denen sie an den Pflanzort transportiert werden. Zum Teil werden auch die Container, die aus leicht zersetzbaren Materialien bestehen, mit in den Boden gebracht.

Laubbaumsortimente werden häufig in der Praxis noch nach den alten Begriffen und traditionellen Höhenklassen eingeteilt.

Tab.: **Einteilung nach Höhenklassen**

Normale Pflanzen	Höhe bis 1,50 m
Leichte Heister	Pflanzen aus halbweitem Bestand, mit durchgehendem Leittrieb, für die Waldwirtschaft geeignet
Heister	Baumartige Pflanzen aus weitem Stand, geeignet sowohl für die Waldbewirtschaftung als auch im Landschaftsbau (Alleen, Garten)
Solitärpflanzen	Pflanzen, die praktisch ohne Konkurrenz aufgezogen wurden, besonders für Einzelstellungen verwendbar und nicht in der Waldwirtschaft einsetzbar
Hochstämme	Über 1,80 m kultivierte Bäume, finden ebenfalls in der Waldwirtschaft keine Verwendung

Sorgfältiges Arbeiten ist beim Pflanzen unbedingt notwendig.

Pflanzzeit

Für die Pflanzungen kommen drei Zeitpunkte im Jahr in Frage: das Frühjahr, der Spätsommer sowie der Herbst.

Vor dem Pflanzen

Im Gegensatz zur Saat hat man es bei der Pflanzung mit bereits entwickelten Pflanzen zu tun. Dies bringt zwar einen Vorteil gegenüber der Konkurrenzvegetation, aber gleichzeitig sind die jungen Bäume empfindlicher als Samen, die von der Natur für den Transport vorgesehen sind. Junge Pflanzen müssen vor allem vor Austrocknung geschützt werden. Der Schutz der jungen Pflanzen ist unbedingt notwendig, damit vitale und kräftige Pflanzen gesetzt werden und nicht geschwächte Bäumchen, die bereits kurz nach der Pflanzung absterben – bedingt durch Pflanzungsfehler.

Der empfindlichste Teil der jungen Bäume sind die Wurzeln. Diese sind in einem geeigneten Transportmedium zum Pflanzort zu bringen. Für gewöhnlich erhält man die Pflanzen bereits in geeigneter Verpackung in der Baumschule. Frischhaltesäcke sind ein sehr guter Schutz gegenüber der Austrocknung. Sie dürfen aber nicht in der Sonne gelagert werden, da die Pflanzen überhitzen würden. Es kann auch zur Schimmelbildung kommen, wenn die Pflanzen zu lange in den Frischhaltesäcken aufbewahrt werden.

Bei idealer Planung wird die junge Forstpflanze noch am Tag, an dem sie von der

Tab.: **Pflanzzeiten und ihre Vorteile**

Pflanzzeit	Zeitraum	Vorteile	Nachteile	Geeignet für
Frühjahr	Anfang März bis Mai, Juni im Gebirge	Winterfeuchtigkeit im Boden, niedrigere Temperaturen sind günstig für den Pflanzentransport und vermindern die Gefahr der Austrocknung	Mögliche Trockenperioden Ende März/Anfang April, auf Kahlschlagflächen existiert die Gefahr des Rüsselkäfers	Praktisch alle heimischen Baumarten
Spätsommer	Anfang August bis Ende September	Im Gebirge günstigere Arbeitsbedingungen, Verwurzelung der Pflanzen, bevor im Frühjahr Wasserstress auftreten kann	Größeres Ausmaß an Transportverlusten, längere Trockenperioden	Wintergrüne Nadelbäume
Herbst	Anfang Oktober bis Mitte November	Winterkahle Pflanzen sind bereits im Boden verwurzelt, bevor sie im nächsten Frühjahr große Wassermengen für die Blattentfaltung brauchen	Gefahr von Frühfrostschäden	Laubbäume, Lärche

Plastiksäcke schützen vor Austrocknung.

Baumschule geholt wurde, auch gepflanzt. Ist dies nicht möglich, so muss sie speziell gelagert werden. Diesen Vorgang nennt man Einschlag. Unter dichten Schirm (keine Sonneneinstrahlung) werden die Pflanzen dabei in wurzeltiefen Gräben in lockeren Lagen ausgebreitet. Dabei bedeckt man sie mit Erde und bewässert sie regelmäßig. Besonders gefährdet sind Nadelbäume, speziell die Douglasie ist sehr empfindlich. Laubbäume, die sich in Winterruhe befinden, vertragen die Wartezeit besser, da noch keine Blätter ausgebildet sind. Für den Privatwaldbesitzer ist es aber besser, den Einschlag durch passende Planung der Aufforstung zu vermeiden, da selbst in Forstbetrieben durch falsche Lagerung der Pflanzen Ausfälle passieren.

Ein großer Teil der Pflanzausfälle passiert unmittelbar vor der Pflanzung selbst, und zwar beim Transport vom Fahrzeug zum Pflanzort. Die Pflanzen müssen dabei geschützt werden, dafür eignen sich feuchtes Moos oder feuchte Tücher. Die Pflanzen dürfen erst unmittelbar vor der Pflanzung entnommen werden. Besonders windiges, sonniges Wetter fördert die Austrocknung.

Ein weiterer heikler Punkt ist der Wurzelschnitt. Er ist dann notwendig, wenn bereits zu lange Wurzeln vorhanden sind. Diese würden bei der Pflanzung zu einer Stauchung führen, die wiederum die Vitalität der Pflanze beeinträchtigt. Aber auch beim Wurzelschnitt ist Vorsicht geboten: Einige Arten wie die Lärche vertragen keinen zu starken Schnitt. Pfahlwurzeln sollen gar nicht beschnitten werden, da sie nur schlecht regenerieren. Durch den Wurzelschnitt besteht zudem die Gefahr des Ausfalls, es wird zumindest die Vitalität vermindert. Deshalb soll der Wurzelschnitt möglichst unterlassen werden, ist er unbedingt notwendig, dann sollen nur überlange, einzelne Wurzeln abgeschnitten werden. Die Schnittführung muss dabei sauber erfolgen, d. h., mit einem einzigen Schnitt soll die Wurzel gekürzt werden. Pflanzen, die ein zu umfangreiches Wurzelwerk aufweisen, sind notfalls auszusortieren.

Pflanztechnik

Hat man die Pflanzen wohlbehalten zum Pflanzort transportiert, sind die Pflanzen in den Boden zu bringen. Es gibt eine Reihe von Pflanztechniken, die je nach Standortseigenschaften und Baumart in Frage kommen.

Es werden im Folgenden die Eigenschaften und ihre Anwendungsgebiete der verschiedenen Techniken beschrieben, im Kapitel **Pflanzverfahren in der Praxis** werden die Pflanztechniken selbst vorgestellt.

Winkelpflanzung

Die Winkelpflanzung war einst die am häufigsten genutzte Pflanztechnik, mittlerweile hat man aber erkannt, dass sie nicht für alle Baumarten geeignet ist. Pfahlwurzler wie Eiche und Buche dürfen nicht mit der Winkelpflanzung in den Boden verbracht werden. Sie eignet sich aber gut für kleine bis mittelgroße Pflanzen (40 bis 60 cm Pflanzenlänge). Als Arbeitsgerät dient die Wiedehopfhaue. Ist der Boden schwer oder durchwurzelt, so soll das Blatt der Haue ovalförmig sein, bei leichten und vergrasten Böden eignet sich die Wiedehopfhaue mit kantigen Blättern besser. Pro Stunde können zwischen 50 und 100 Pflanzen gepflanzt werden. Die ungünstige gebückte Körperhaltung macht die Arbeit anstrengend. Häufige Fehler bei der Winkelpflanzung sind Pflanzlöcher mit zu geringer Tiefe sowie Rohhumus, der nicht ausreichend entfernt wurde und die Wurzeln daran hindert, in den Mineralboden einzudringen.

Hohlspatenpflanzung

Als Alternative zur Winkelpflanzung wurde die Hohlspatenpflanzung entworfen. Die Arbeitsleistung ist zwar geringer, dafür ist der Pflanzerfolg wesentlich größer.

Die Hohlspatenpflanzung ist gut geeignet für wurzelnackte Pflanzen mit üppigem Wurzelwerk, vor allem Pfahlwurzler mit Wurzellängen bis zu 25 cm. Als Arbeitsgerät dient der Hohlspaten. Im Vergleich zur Winkelpflanzung ist die Arbeit aber noch anstrengender und deshalb auch die Arbeitsleistung geringer, da noch stärker in gebückter Haltung gearbeitet wird.

Die Wurzeln dürfen beim Pflanzen nicht gestaucht werden.

Rhodener Pflanzverfahren

Hierbei kommt die Hartmann-Haue zum Einsatz. Das Rhodener Pflanzverfahren ist eine Alternative für Pflanzengrößen, Wurzelformen und Bodeneigenschaften, die andere Pflanztechniken ausschließen. Dabei werden Pflanzlöcher mit einer Tiefe bis zu 25 cm ausgehoben. Auf steinigen Böden ist das Rhodener Pflanzverfahren daher nicht möglich, kann dafür aber auch auf sehr steilen Flächen angewendet werden. Außerdem muss der Pflanzplatz nicht unbedingt von Vegetation und Reisig geräumt werden. Mit dieser Technik können zwischen 50 und 80 Pflanzen in der Stunde gepflanzt werden.

Aus ergonomischer Sicht ist diese Technik besonders schonend für den Rücken, da nur beim Setzen der Pflanze in gebückter Haltung gearbeitet wird. Zudem ist das Verfahren einfach zu erlernen und kann vielseitig eingesetzt werden.

Buchenbühler Schrägpflanzverfahren

Diese Technik ist die leistungsstärkste, sie kann aber nur unter bestimmten Voraussetzungen angewendet werden. Das Verfahren ist gut geeignet für Laubbäume mit Herz- oder Pfahlwurzeln, die Wurzellängen dürfen bis zu 22 cm betragen. Als Arbeitsgerät dient die Buchenbühler Pflanzhaue. Je nach

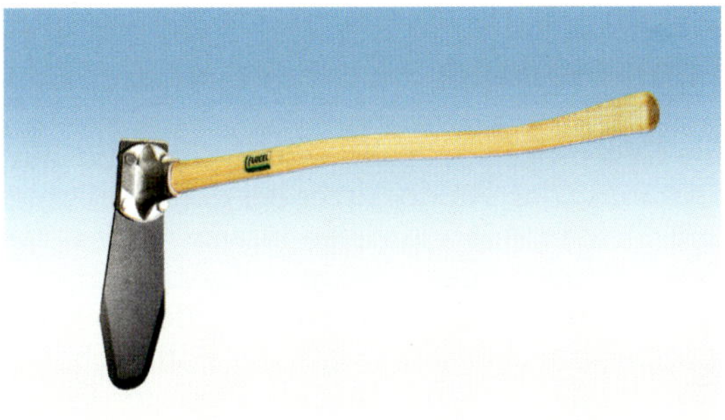

Buchenbühler Pflanzenhaue

Bodenbeschaffenheit gibt es verschiedene Blattbreiten (9 cm für harte Böden mit hohem Steinanteil und 10 cm für sandige Böden). Bis zu 130 Pflanzen können damit pro Stunde gesetzt werden. In Böden, die dicht oder stark verwurzelt sind, kann das Buchenbühler Verfahren nicht angewendet werden. Der Anteil an körperungünstigen Körperhaltungen ist gering.

Containerpflanzung

Für die Containerpflanzung gibt es eigene Pflanzgeräte. Sie eignen sich auf allen Böden, die nicht zu steinig sind. Die Pflanzen werden durch das Pflanzrohr, das Teil des Containerpflanzgeräts ist, in den Boden gebracht. Diese

Auch beim Pflanzen kommt es auf das richtige Werkzeug an.

Pflanzmethode ist sehr ergonomisch, da nur aufrecht gearbeitet wird. Bis zu 150 Pflanzen können so pro Stunde gesetzt werden.

Pflanzverband

Im Gegensatz zur Naturverjüngung und zur Saat muss der Waldbesitzer bei der Pflanzung entscheiden, mit wie vielen Pflanzen der neue Bestand begründet werden soll. Abhängig ist die Pflanzenzahl natürlich von der Verjüngungsfläche ebenso wie von der Baumart. Die Pflanzendichte bezeichnet die Zahl der Pflanzen pro Hektar.

Bäume mit der Fähigkeit zur Astreinigung, wie es bei den meisten Laubbaumarten der Fall ist, werden dichter gepflanzt als Nadelhölzer, wie die Fichte, die ihre Totäste behalten. Die Entscheidung der Pflanzverbände muss gut überlegt sein, sie hat schließlich Einfluss auf Stabilität und Holzproduktion. Die getroffenen Entscheidungen können zwar geändert werden und sind nicht endgültig, allerdings kommt eine Änderung fast einer neuen Begründung gleich und ist daher mit hohen Kosten verbunden.

Die folgende Aufstellung zeigt, wie mannigfaltig die Pflanzdichte auf die weitere Bestandesentwicklung Einfluss nimmt:

- **Baumzahlentwicklung:** Je dichter die Jungwüchse aufwachsen, desto eher kommen sie über die kritische Höhe hinaus und sind als gesichert anzusehen, gleichzeitig ist aber auch der Ausfall an Bäumchen, die den internen Konkurrenzkampf nicht überleben, höher. Eng begründete Bestände bleiben – sofern die Stammzahl nicht durch einen Eingriff stark reduziert wird – stammzahlreich bis ins hohe Bestandesalter. Damit bleibt das Wachstum auf vergleichsweise viele Bäume verteilt, statt sich auf die besten Individuen zu reduzieren, gleichzeitig sind die Kronen nicht in der Lage, sich auszubreiten und ihr volles Potenzial auszuschöpfen.
- **Durchmesserentwicklung:** Die Durchmesser entwickeln sich besser in weit begründeten Verbänden, da die vorhandenen Ressourcen an Wasser und Nährstoffen an weniger Bestandesmitglieder aufgeteilt werden.
- **Schaftform:** Der Engbestand führt zu vollholzigen Bäumen. Abholzigkeit ist ein Hohlzfehler.
- **Volumen:** Eng begründete Bestände produzieren weniger Volumen als weit begründete.

Angesichts der Nachteile, die der eng begründete Bestand mit sich bringt, scheint es vernünftiger, den Bestand weit – also mit weniger Pflanzen – zu begründen und diesen in weiterer Folge durch Durchforstungen intensiv zu pflegen. Eng begründete Bestände verstärken noch den vorher bereits erwähnten Nachteil der Ineffizienz von Pflanzungen, dass eine große Zahl der gesetzten Pflanzen relativ bald aus dem Bestand ausscheidet.

Tab.: **Pflanzzahlen heimischer Baumarten**

Baumart	Pflanzzahl Engverband/ha	Pflanzzahl Weitverband/ha
Eiche	7.000	15.000
Roteiche	3.000	10.000
Hainbuche	2.000	5.000
Ahorn	2.500	7.000
Esche	2.500	7.000
Kirsche	2.500	7.000
Linde	3.000	8.000
Fichte	2.000	5.000
Tanne	2.500	3.300
Douglasie	2.000	3.500
Kiefer	3.000	10.000
Lärche	1.300	2.500

Pflanzzahl und Abstand

In der Praxis wird nur selten eine Verjüngungsfläche zu finden sein, die genau 1 ha misst. Die genaue Pflanzzahl ergibt sich deshalb rechnerisch auch aus dem Abstand der Pflanzen.

Beispiel: Fichtenbestand mit 2.500 Pflanzen/ha, Verjüngungsfläche mit einer Größe von 0,6 ha.

2.500 x 0,6 = 1.500 Pflanzen

Pflanzabstand: 1.500 Pflanzen verteilen sich auf 6.000 m². Pro Pflanze stehen daher 4 m² zur Verfügung. Ein Quadrat mit einer Fläche von 4 m² hat eine Seitenlänge von 2 m. Daher ergibt sich ein Abstand zwischen den einzelnen Pflanzen von 2 m.

Beispiel: Buchenbestand mit 8.000 Pflanzen/ha, Verjüngungsfläche 0,4 ha.

Pflanzahl: 8.000 x 0,4 = 3.200 Pflanzen

Pflanzabstand: 4.000 m² / 3.200 Pflanzen = 1,25 m² Fläche pro Pflanze. Daraus ergibt sich ein Pflanzabstand von 1,11 m.

Die am weitesten verbreitete Verteilung ist heutzutage die **Pflanzreihe**, in der in regelmäßigem Abstand Pflanzen gesetzt werden. Es gab auch Versuche mit verschiedensten geometrischen Mustern, die meisten haben sich als nicht praktikabel erwiesen. Die Pflanzreihe ergibt sich vor allem aus praktischen Gründen der Arbeitsgestaltung. In großen Forstbetrieben fiel es den Förstern leichter, die Qualität der Pflanzungen zu kontrollieren, indem die Reihen abgeschritten wurden. Für den Kleinwald ergibt sich, dass die Pflanzabstände nicht zentimetergenau eingehalten werden müssen. Auch spricht nichts gegen eine flächige Verteilung der Pflanzen, ähnlich wie im Naturwald, solange ein Mindestabstand zwischen den Pflanzen eingehalten wird.

In modernen waldbaulichen Konzepten, wie der **QD-Methode** (Qualifizieren/Dimensionieren), wird auch nicht mehr die gesamte Verjüngungsfläche bepflanzt, sondern nur noch ein Teil der Fläche, sogenannte Klumpen. Ein Klumpen hat einen Durchmesser zwischen 5 und 7 m. Der nächste Klumpen ist mindestens 12 m entfernt. Die Pflanzzahlen im Klumpen liegt bei Schattbaumarten bei ca. 40 Stück. Wird ein Mischbestand aus Licht- und Schattbaumarten begründet, dann befinden sich im Inneren des Klumpens 20 Lichtbäume und außen zehn Schattbäume. Zwischen den Klumpen lässt der Waldbesitzer die Naturverjüngung geschehen.

Vor allem für den Kleinwald ist die Kombination aus Pflanzung und Naturverjüngung äußerst praktikabel, da einerseits durch die Klumpen die gewünschten Zielbaumarten in den Bestand eingebracht werden, gleichzeitig aber das Potenzial der Naturverjüngung genutzt wird.

Eine schon lange bekannte Form ist die **Eichennesterpflanzung**. Dabei werden im Inneren des Nestes Eichen gepflanzt, die von Hainbuchen umschlossen werden. Ein Nest besteht aus 21 Eichen und 16 Hainbuchen und der Abstand der einzelnen Nester zueinander beträgt mindestens 7 Meter. Die Hainbuchen sind dabei die dienende Baumart: Sie sollen das Absterben der Eichenäste fördern. Neueste Untersuchungen zeigen, dass sich bei der Eichennesterpflanzung größere Pflanzen (ab 50 cm) besser entwickeln als kleine.

Fazit

Die Pflanzung erfolgt **vor allem auf Schlägen**, kann aber auch unter lichtem Schirm eines Altbestandes durchgeführt werden, was allerdings selten gemacht wird. Sie eignet sich auch als stellenweise **Nachbesserung** von Naturverjüngungen oder Saaten, wenn diese nicht erfolgreich waren.

Die Pflanzung hat den Vorteil, dass sie im Vergleich zu Naturverjüngung und Saat sicherer ist. Die bereits entwickelten Jungpflanzen sind konkurrenzfähiger gegenüber Gräsern und Kräutern. Früher wurde als wesentlicher Vorteil der Pflanzung der Altersvorsprung und die damit verbundene Zeitersparnis gegenüber der Saat angeführt. Bei Produktionszeiträumen von oft über 100 Jahren kann dies aber – speziell im Kleinwald, der nicht laufend genutzt wird – nicht mehr als Argument für die Pflanzung gesehen werden.

Die wichtigsten Nachteile sind die hohen Kosten und der große Arbeitsaufwand, ebenso die Gefahr, dass die Pflanzen beim Setzen beschädigt wurden und sich nicht entwickeln.

Ideales Bild eines stabilen Mischwaldes

Reinbestand oder Mischbestand

Lange Zeit war die Monokultur weit verbreitet. Sie brachte einige Vorteile bei der Bestandesbegründung sowie der weiteren Bestandesentwicklung, die aber gleichzeitig durch die Nachteile aufgehoben werden.

Reinbestand

Ein Reinbestand lässt sich leichter begründen, da nur eine Baumart verjüngt wird und die Pflegearbeit geringer ist als in Mischbeständen. Reinbestände, speziell die der Fichte, sind aber durch ihre Homogenität weniger in der Lage, auf Störungen wie Insektenbefall zu reagieren. Außerdem werden Windwurfschäden durch Reinbestände gefördert, da die gleichförmigen Kronenformen keine Rauigkeit erzeugen und der Wind ungestört mit hohen Geschwindigkeiten durch den Bestand ziehen kann. Wie aber bereits zu Beginn erwähnt, sind Reinbestände auch in der Natur vorhanden. Man findet sie auf sehr armen Standorten, wo nur noch sehr anspruchslose Baumarten, wie die Lärche im Hochgebirge oder die Kiefer auf nährstoffarmen anmoorigen Standorten, wachsen können. Auf nährstoffreichen Standorten kann die Buche dank ihrer großen Konkurrenzkraft Reinbestände ausbilden. Wenn sich der Waldbesitzer für den Reinbestand entscheidet, dann muss dieser unbedingt mit einer standortstauglichen Baumart begründet werden. Das Problem der Fichtenmonokulturen liegt nicht nur im Fehlen anderer Baumarten, sondern auch darin, dass die Fichte an Standorten gepflanzt wird, die ihren eigentlichen Ansprüchen (Trockenheit) nicht entspricht. Mit standortstauglichen Baumarten, wie etwa Eichenreinbeständen in sommerwarmen Tieflagen, gibt es weniger Probleme.

Mischbestand

Mischbestände sind aufgrund ihrer Vielfalt an Baumarten stabiler. Die meisten Schadinsekten sind auf eine einzige Baumart spezialisiert, manche sogar auf einen bestimmten Abschnitt im Leben eines Baumes. In einem Mischbestand, wo nur jeder dritte oder vierte Baum für ein Schadinsekt nutzbar ist, ist eine Massenvermehrung viel unwahrscheinlicher als in einem Reinbestand. Dasselbe gilt für einige abiotische Schäden: Verschiedene Baumarten reagieren unterschiedlich auf Wind, Frost, Eisanhang und Schnee. Ein großflächiger Zusammenbruch in Mischbeständen ist nicht unmöglich, er ist aber weitaus weniger wahrscheinlich als in Reinbeständen.

Wer nun einen Mischbestand begründen will, wird sich die Frage stellen, welche Arten gut miteinander vermischt werden können. Dabei sollte man sich zunächst an den möglichen Baumarten, die an den Standort angepasst sind, orientieren. Des Weiteren ist zu entscheiden, welche Form der Mischung angestrebt wird:

- **Gleichwertige Mischungen:** Alle Baumarten sollen in der Oberschicht vorhanden sein und dominante Baumindividuen hervorbringen. Alle Baumarten sind bis zur Endnutzung vorhanden. Beispiel hierfür ist der Fichten-Tannen-Buchen-Wald.
- **Mischung mit dienenden Baumarten:** Nur eine Baumart erreicht die Oberschicht und ist dominant, die andere verbleibt im Endbestand. Beispiel hierfür ist der Eichen-Hainbuchen-Wald, indem die Hainbuchen die dienende Baumart sind und der Astreinigung der Eichenstämme dienen.
- **Vormischungen:** Dabei wachsen Pionierbaumarten zu Vorwäldern, die nach und nach durch die Zielbaumarten ersetzt werden. Die Oberschicht dominieren langfristig die Zielbaumarten, da diese wüchsiger, langlebiger und konkurrenzkräftiger sind. Beispiel ist ein Birkenvorwald in einem Fichten- oder Buchenbestand.

Eine besondere Form der Mischung ist die, bei der Lichtbaumarten mit Schattbaumarten gemischt werden, also etwa Eiche mit Buche, Lärche mit Fichte oder Tanne. In den ersten Jahren werden die schnellerwüchsigen Lichtbaumarten die Oberschicht dominieren, in der weiteren Bestandesentwicklung werden sich aber die Schattbaumarten erfolgreich durchsetzen. Soll die Mischung beibehalten werden, dann ist es notwendig, die Mischbaumarten zu fördern, indem bedrängende Schattbaumarten aus dem Bestand entfernt werden.

Übersicht: Die wichtigsten natürlichen Waldgesellschaften und ihre Baumarten

Eichen-Hainbuchen-Wälder
Überwiegend in Tieflagen bzw. an Südhängen im sommerwarmen Osten anzutreffen. Eichenwälder zeigen eine geringe Wuchsleistung und benötigen lange Umtriebszeiten (bis zu 150 Jahre). Die Hainbuche kommt dank ihrer geringen Lichtansprüche vorwiegend unter dem Schirm der Eiche auf und wird nur selten dominant. Die Vorratswerte erreichen etwa bis zu 800 Festmeter je Hektar. Hauptbaumarten sind Eiche und Hainbuche, beigemischt kommen Linde, Feldahorn, Esche, Spitzahorn und Schwarznuss vor.

Buchenwälder
Buchenwälder sind in den Mittelgebirgen vorzufinden. An ihren besten Standorten ist die Buche absolut dominant und bildet einstufige Monokulturen. Die Vorratswerte können bei bis zu 1.000 fm/ha liegen. Die Buche ist die dominierende Baumart, beigemischt finden sich Eiche, Tanne, Hainbuche, Linde.

Fichten-Tannen-Buchen-Wälder
Mit zunehmender Höhenstufe mischen sich zur Buche Tanne und Fichte bei. Dies ist eine überaus produktive Waldgesellschaft mit Vorratswerten von bis zu 1.500 fm/ha. Tanne und Buche verfügen über ein kräftiges Herzwurzelsystem, wodurch diese Waldgesellschaft auch über hohe Stabilität verfügt. Hauptbaumarten sind Buche, Tanne und Fichte, wobei sich der Anteil mit ansteigender Höhenlage in Richtung Fichte verschiebt. Mischbaumarten sind Bergahorn, Esche, Eberesche.

Montane Fichtenwälder
Montane Fichtenwälder kommen auf über 1.000 m Seehöhe vor, mit zunehmender Höhenstufe gewinnt die Fichte an Konkurrenzkraft. Beigemischt kommen noch vereinzelt Bergahorn, Tanne und Buche vor. Diese Waldgesellschaft ist produktiv (bis zu 1.500 fm/ha), aber wegen des schlechten Wurzelsystems der Fichte und der Einstufigkeit der Bestände eine sehr instabile Waldgesellschaft. Hauptbaumart ist die Fichte, mit steigender Höhenstufe nimmt der Anteil der Lärche zu, beigemischt kommen Bergahorn und Eberesche vor.

Lärchen-Zirben-Wälder
Dies ist die Waldgesellschaft, die am höchsten steigt, in manchen Tälern trifft man sie auch noch über 2.000 m an. Lärche und Zirbe sind äußerst stabile Baumarten mit kräftigen Wurzelsystemen. Bedingt durch die Höhenlage ist diese Waldgesellschaft vergleichsweise weniger produktiv, dafür erreicht Zirben- und Lärchenholz bei guten Qualitäten Preise deutlich über 100 €/fm.

Auwälder
Auwälder begleiten Bach- und Flussläufe. In den Tieflagen wird die Waldgesellschaft von einer Vielzahl von Laubbaumarten (Pappel, Weide, Eiche, Kirsche, Ahorn, Ulme) gebildet, mit zunehmender Höhenlage kommt nur noch die Grünerle vor. Auenwälder sind überaus produktiv und erreichen die höchsten Vorratswerte unter den Laubwäldern. Man kennt zunächst die weiche Au, die immer wieder von Überflutungen beeinflusst wird. Hier dominieren Pappel- und Weidenarten, Grau- und Schwarzerle. In der harten Au, in der Überflutungen sehr selten sind, kommen Vogelkirsche, Eiche, Spitzahorn, Feldulme und Linde vor.

Durch gezieltes Fällen von Bäumen lässt sich Licht lenken.

Größe der Verjüngungsfläche

Wie groß soll nun die Verjüngungsfläche sein? Die Größe hängt vor allem auch vom aktuellen Ausgangszustand des Waldes ab. Auf einer Kahlfläche ergibt sich die Größe der Verjüngungsfläche von selbst. Anders stellt sich die Situation bei Verjüngungen unter Schirm bzw. in überalterten Beständen dar, in die die Verjüngung eingebracht werden soll. **Kleinflächige Verjüngungen sind großflächigen immer vorzuziehen**, und zwar **aus mehreren Gründen:**

- Auch im Naturwald verjüngt sich der Wald vornehmlich kleinflächig. Einzelne umgestürzte Bäume lassen Licht in den Bestand fallen, worauf junge Bäume keimen und heranwachsen und den alten Baum schließlich ersetzen.
- Es kommt auch im Naturwald zu großflächigen Schäden, wie Feuer, Insektenbefall oder Lawinen, die ganze Wälder vernichten. Der Wald erobert sich diese Gebiete langfristig zurück, wie die Beispiele im Bayerischen Nationalpark und am Mount St. Helens zeigen, aber die Wiederbewaldung geht langsamer und schwieriger vor sich.
- Wald wächst am Walde zu: Unter Schirm verjüngen sich Bäume besser, da sie nicht von der Konkurrenzvegetation bedrängt werden. Zudem ist das Kleinklima, dass speziell für junge Bäume über Gedeih oder Verderb entscheiden kann, im Bestand milder als auf Freiflächen. Auch gegenüber dem Verbiss sind Pflanzen auf Freiflächen viel exponierter als unter dem Schirm des Altbestandes.
- Speziell im Kleinwald, wo die Verjüngungsarbeiten vom Waldbesitzer selbst durchgeführt werden, empfiehlt sich hinsichtlich der Arbeitsplanung sowie in Bezug auf zur Verfügung stehende Mittel an Material, Zeit und Arbeitsgeräten die Wahl zu kleinflächigen Verjüngungen.
- Moderne Waldbaukonzepte wie die QD-Methode orientieren sich an der Verjüngung auf kleinen Flächen. Die Verjüngungsklumpen der QD-Methode haben einen Durchmesser zwischen 5 und 7 m.

Daher ist es gerade im Kleinwald zu empfehlen, die Verjüngung auf kleinflächigen Inseln mit einem Durchmesser zwischen 5 und 10 m zu konzentrieren. Zwischen diesen Verjüngungsinseln lässt man die Naturverjüngung heranwachsen. Dies fördert die Durchmischung des Bestandes. Zudem können Pionierbaumarten, die in solchen Naturverjüngungen dominieren, ihre wertvollen, standortsverbessernden Funktionen erfüllen: Ihre Blätter sind leicht abbaubar und verbessern den Nährstoffhaushalt des Oberbodens.

Von der Größe der Verjüngungsfläche kommt man nun auf die Frage, wie viele Verjüngungsinseln angelegt werden sollen.

Lockere Böden garantieren Erfolg bei der Verjüngung.

Dies hängt unter anderem davon ab, welche Baumarten sich natürlich verjüngen und welche Durchmischung gewünscht wird. Kommt die Zielbaumart kaum vor, so wird der Bedarf an Verjüngungsinseln höher sein. Die Artendurchmischung wird auch vom Standort wesentlich beeinflusst. Aus sehr trockenen Böden im Flachland werden neben den Pionierbaumarten nur Eiche und Kiefer heranwachsen, Ähnliches gilt für Bestände, die auf über 1.000 m Seehöhe liegen: Im Hochgebirge kommen schließlich nur wenige Baumarten mit den harten Bedingungen zurecht. In Auwäldern sowie in submontanen Laubwäldern ist die Artenanzahl größer.

Wie schon vorher erwähnt, haben Mischbestände einige Vorteile gegenüber Reinbeständen. Eine Festlegung und Aufteilung des Waldes nach Formeln wie 40 % Fichte, 30 % Tanne und 30 % Buche, wie es früher auch von Waldbauprofessoren gelehrt wurde, ist überholt. Ein Argument für die Festlegung auf einen fixen Anteil einer bestimmten Baumart könnte ein ökonomisches sein: Die Fichte ist immer noch der Brotbaum der Forstwirtschaft und auch die Sägeindustrie ist auf diese Baumart spezialisiert. Es ist allerdings vor allem in Zeiten des Klimawandels vermessen, eine bestimmte Baumart nur aus wirtschaftlichen Gründen zu forcieren. Denn dies ist nichts anderes, als die Anmaßung, die Bedingungen und Forderungen der Holzmärkte in 80 bis 100 Jahren zu kennen. Dazu ist aber niemand in der Lage. Aktuell kann festgehalten werden, dass Nadelholz sowohl in der Produktion als auch in der Verarbeitung dominiert – wobei z. B. die heimische Tanne in Österreich unterrepräsentiert ist. Gepflegtes, qualitativ gutes Laubholz lässt sich leicht vermarkten. Aber auch qualitativ schlechtes Laubholz lässt sich dank der steigenden Nachfrage an Energieholz verkaufen.

Die Holzernte ist gleichzeitig Beginn und Ende eines Bestandes.

Aus den oben genannten Gründen kann dem Waldbesitzer daher keine Empfehlung gegeben werden, mit welcher Baumartenverteilung der zukünftige Bestand zu begründen ist. Es ist letztlich eine persönliche Entscheidung, ob alles auf eine Karte gesetzt wird oder das Risiko der biologischen Produktion als auch bei der Vermarktung durch artenreiche Mischbestände verringert wird.

Standortskunde

Bäume sind an ihren Standort fest gebunden. Das Vorkommen von Licht, Temperatur, Wasser und Nährstoffen bestimmt die Standortsgüte. Das Gesetz des Standörtlichen besagt, dass diese unveränderlichen Vorgaben der Natur bei der Waldbewirtschaftung beachtet werden müssen. Erkennen und Beurteilen der Standortsgüte sind daher für den Waldbesitzer wesentlich.

Die verschiedenen Baumarten besitzen unterschiedliche Standortsansprüche, so verträgt etwa die Lärche Frost gut, während die Erle viel Wasser benötigt. Die Standortskunde hat den Zweck, Auskunft über die Ertragskraft des Bodens zu geben sowie ein Ratgeber für die Baumartenwahl zu sein. Der Standort wird geprägt durch das vorherrschende Klima, die Höhenlage, den Boden sowie die Exposition. Höhenlage und Exposition sind Zustände, die praktisch unveränderbar sind. Klimaänderungen sind zwar möglich, dauern aber Jahrzehnte an. Der Boden reagiert am schnellsten auf Einflüsse. Durch das Befahren mit schweren Maschinen kann es etwa zur Bodenverdichtung kommen, durch bestimmte Baumarten wie Kiefer oder Fichte zur Versauerung des Bodens, da die Nadelstreu dieser beiden Baumarten nur schwer für das Bodenleben zersetzbar ist. Auch der Wasserhaushalt des Bodens kann durch verschiedene Tätigkeiten beeinflusst werden.

Für Baumarten können **zwei Arten von Standorten** unterschieden werden:

- **Naturnahe Standorte:** Der Standort deckt die Bedürfnisse der Baumart ab, zusätzlich ist die Baumart auf solchen Standorten konkurrenzfähig gegenüber anderen Arten, es werden stabile, wüchsige Bestände, die in der Lage sind, sich selbst zu verjüngen, gebildet.
- **Fremde Standorte:** Die Baumart wurde an den Standort künstlich eingebracht. Sie erweist sich als durchaus wüchsig, bildet aber keine stabilen Bestände aus. Die Baumart ist zwar in der Lage, sich zu verjüngen, sie ist aber weniger vital als die natürlichen Baumarten und fällt daher mittelfristig im Konkurrenzkampf auch zurück.

Mit dem folgenden Kapitel soll ermöglicht werden, die wichtigsten Standortseigenschaften zu erkennen und anzusprechen, um so eine solide Grundlage für die Baumartenwahl zu haben.

Mit ansteigender Seehöhe nehmen die Baumhöhen ab und das Kronendach wird lückiger.

Die obere und untere Waldgrenze

Die Artenzusammensetzung und ihr Wachstumspotenzial werden mit den Höhenstufen beschrieben. Mit Ansteigen der Höhenstufen nehmen die Temperatur und die Dauer der Vegetationsperiode ab. In Österreich liegt die Waldgrenze zwischen 1.900 und 2.100 m. Oberhalb dieser Höhe sind die Temperaturen zu rau für Waldbestände. Die Baumgrenze liegt etwas höher. Die untere Waldgrenze wird nicht in Höhenmetern angegeben, sondern hängt mit der Verfügbarkeit von Wasser zusammen. In Österreich liegt diese bei einer jährlichen Niederschlagsmenge von 400 mm. Die untere Waldgrenze ist in Teilen des östlichen Niederösterreich sowie der Südsteiermark zu finden.

Die Höhenstufenverteilung zeigt das jeweils mögliche Wachstumsgebiet für die Waldgesellschaften. Da die Grenzen nicht scharf sind, gibt es Übergangsbereiche, so können bei günstigen Bodeneigenschaften Buchen auch bis auf 1.000 m Seehöhe Reinbestände bilden. Trotzdem sollte bei der Baumartenwahl nicht zu stark von den Höhenstufen abgewichen werden. Die Waldgesellschaften haben sich innerhalb von Jahrtausenden an standörtliche Gegebenheiten angepasst und sind daher als Wegweiser zu verstehen. Baumarten wie Birken oder Kiefern sind als Sonderfälle anzusehen, da es ihnen ihre Anpassungsfähigkeit erlaubt, an einer Vielzahl von Standorten zu wachsen. Die Höhenstufenverteilung ist auch vom Großklima abhängig. Während in Nordskandinavien die Waldgrenze weit unter 1.000 m liegt, sind im Himalaja Wälder noch auf über 3.000 m anzutreffen.

Baumwurzeln in einem Auwald

Pilze benötigen Feuchtigkeit.

Der Wasserhaushalt

Ohne Wasser gibt es kein Leben, zu viel Wasser kann allerdings auch schädlich sein. Jedem Besitzer von Topfpflanzen ist das heikle Thema der Wasserversorgung bewusst. Der Waldbesitzer hat es da leichter, gesunde Wälder regulieren ihren Wasserhaushalt selbstständig. Und das ist angesichts der Größe des Wasserbedarfs von Bäumen auch nötig. Eine ausgewachsene Buche verbraucht an einem warmen Sommertag 400 l Wasser. Nadelbäume sind sparsamer. Die Nadeln, die mit einer Wachsschicht überzogen sind, hemmen die Verdunstung und erlauben es Koniferen auch in trockeneren Gebieten zu stocken.

Für den Wald gibt es **zwei Wasserquellen**: den Boden, also das Grundwasser, und den Niederschlag. Es gilt zwischen der potenziell verfügbaren Menge und der tatsächlich verfügbaren Menge an Wasser zu unterscheiden. Liegt das Grundwasser für die Baumwurzeln zu tief (über 5 m Tiefe) oder befindet sich zwischen Wurzeln und Grundwasser eine undurchdringbare Schicht (Ton), ist die wirklich verfügbare Menge an Wasser weitaus geringer.

Österreich hat einen durchschnittlichen Jahresniederschlag von 1.100 mm. Die regionalen Unterschiede sind jedoch beträchtlich. Während der Niederschlag im Bregenzerwald bis zu 2.300 mm beträgt, sind es im Weinviertel nur 450 mm. Aber auch im Bregenzerwald erreicht nicht jeder Wassertropfen den Waldboden. Zwischen 30 % (Laubwald) und 50 % (Nadelwald) des Regens bleiben in den Kronen hängen und verdunsten.

Generell sind Wälder mit guter Wasserversorgung produktiver, eine Ausnahme bilden Wälder an Moorrändern mit Staunässe. Durch die hohe Speicherkapazität der Waldböden sind Wälder gegenüber trockenen Perioden toleranter. Voraussetzung hierfür ist aber, dass der Boden durch die Baumwurzeln gut erschlossen ist. Einfluss auf den Wasserhaushalt haben außerdem das Bodenleben, der Humuszustand, die Streu und die Vegetation. Fehler in der Bewirtschaftung können den Wasserhaushalt stark schädigen. Die Freistellung des Bodens durch Großkahlschläge führt zu einem erhöhten Oberflächenabfluss. Besonders in Steillagen ist das ein Problem. Bodenverdichtung durch Vieh oder Maschinen führt dazu, dass die Pflanzenwurzeln das Grundwasser

Die Hangneigung beeinflusst die Nährstoff- und Wasserverhältnisse.

nicht mehr erreichen und dass das Niederschlagswasser Staunässe bildet, die zum Absterben von Wurzeln und Baum führen kann.

Bäume und ihre Wasseransprüche

Baumarten, die Staunässe tolerieren: Schwarzerle, Grauerle, Silberpappel, Schwarzpappel, Silberweide

Baumarten, die frische Standorte (ganzjährig gute Wasserversorgung) benötigen: Buche, Tanne, Bergulme, Spitzahorn, Bergahorn, Fichte, Esche, Traubenkirsche, Stieleiche, Winterlinde

Baumarten mit hoher Toleranz gegenüber Trockenheit: Birke, Kiefer, Zirbe, Schwarzkiefer, Zerreiche, Hainbuche, Traubeneiche, Robinie

Hanglagen

Die Topografie Mitteleuropas wird maßgeblich durch die Alpen beeinflusst. Die vielen steilen Lagen sind unter anderem für den hohen Waldanteil in den Alpen verantwortlich. Die Hanglagen führen aber nicht nur zu einer erschwerten Holzernte. Die Ausrichtung und die Neigung des Hanges haben auch direkten Einfluss auf die Standortsgüte.

Oft gibt es Verwirrung darüber, was die Exposition aussagt. Die Exposition gibt die Lage eines Hanges bezüglich der Himmelsrichtung an. Dazu ein Beispiel: Steht man auf einem Westhang und blickt in Fallrichtung des Hanges, so sieht man in westliche Richtung. Die Exposition entscheidet über die Menge an Sonneneinstrahlung, die auf einen Hang einwirkt. Südhänge erhalten am meisten Sonne und tendieren daher zu Trockenheit. Nordhänge bekommen weniger Strahlung und werden als Schattseiten bezeichnet. Ein Osthang wird von der Morgensonne bestrahlt, der Westhang von der Abendsonne. Westhänge sind den Witterungseinflüssen stärker ausgesetzt, da in Mitteleuropa der Wind vornehmlich von West nach Ost weht. Die Hangausrichtung ist in der Gebirgswaldbewirtschaftung bei der Baumartenwahl entscheidend. So sind beispielsweise Tannen auf Nordhängen wüchsig, da die Böden über eine gute Wasserversorgung verfügen. Wechselt die Hangausrichtung gen Süden, wird es zu trocken für Tannen.

Je stärker der Hang geneigt ist, desto größer ist der Einfluss auf den Wasserhaushalt und die Nährstoffversorgung. Da das Grundwasser hangabwärts fließt, werden Wasser und Nährstoffe vom Oberhang zum Unterhang transportiert. Wälder am Unterhang sind daher wüchsiger als am Ober- oder Mittelhang. Ist die Hangneigung in Prozent angegeben, so bedeutet eine Neigung von 30 %, dass auf einer Länge von 100 m die Seehöhe um 30 m ansteigt. Neigungen über 100 % sind übrigens kein Messfehler. Da 90° 200 % Neigung entsprechen, sind auch Hangneigungen weit über 100 % möglich. Allerdings handelt es sich dabei um theoretische Werte, da ab etwa 130 % Neigung die Fortbewegung für Nichtalpinisten kaum mehr möglich ist, geschweige denn

Im Laub sind viele Nährstoffe gespeichert.

Windwurfteller geben Einblicke in die Bodenverhältnisse.

die Arbeit mit der Motorsäge. In der Praxis sind zwei Werte markant: Bis zu 35 % Neigung sind Forstschlepper einsatzfähig, bis zu 50 % Neigung Gebirgsharvester. Letztlich ist es aber die Entscheidung des Maschinenführers, ob er sich das Terrain als Arbeitsfläche zutraut.

Der Waldboden

Der Aufbau und die Struktur des Waldbodens entscheiden über die Verfügbarkeit von Wasser und Nährstoffen. Waldböden sind horizontal in **drei Schichten** aufgebaut. Die oberste Schicht besteht aus dem Humus, danach folgt der Mineralboden und auf diesen das Grundgestein. Der Zustand von Humus und Mineralboden bestimmt über die Standortsgüte.

Humus besteht aus Streu sowie aus tierischen Ausscheidungsprodukten. Die Dauer der Zersetzung hängt von Faktoren wie dem Klima und der Art der Streu (Nadeln zersetzen sich schlechter als Blätter) ab. Je rascher die Streu abgebaut wird und die darin gebundenen Nährstoffe wieder verfügbar werden, desto besser ist die Standortsgüte. Dafür verantwortlich ist das Bodenleben (Edaphon), das aus einer Vielzahl von Organismen wie Würmern, Käfern, Asseln, Pilzen und Bakterien besteht. Man unterscheidet **drei verschiedene Humusformen**:

- **Mull:** Beherbergt viele Regenwürmer, die für einen raschen Abbau der Streu sorgen
- **Moder:** Langsamere Zersetzung, Blätter sind noch erkennbar
- **Rohhumus:** Sehr langsame Zersetzung, bei der sich dichte Auflagen bilden, wodurch der Wasserabfluss sowie die Keimung von Samen beeinträchtigt werden können.

Der **Mineralboden** ist eine Mischung aus Humus, der durch Bodenlebewesen tiefer in den Boden eingebracht wird, und dem bereits verwitterten Grundgestein. Die Menge an Mineralboden bestimmt die Gründigkeit des Bodens, wobei man zwischen
- flachgründig (unter 30 cm),
- mittelgründig (bis 70 cm) und
- tiefgründig (über 70 cm)

unterscheidet. Mit zunehmender Gründigkeit steigt auch die Standortsgüte an.

Ein guter Waldboden bindet Wasser in einem Maß, dass es für die Pflanzenwurzeln leicht verfügbar ist. Er ist zudem gut durchlüftet und bietet Wärme. Die Durchlüftung und die Wärme sind wichtig für das Bodenleben. Die Erhaltung der Bodenkraft ist von besonderer Bedeutung und soll bei der Waldwirtschaft stets berücksichtigt werden. Freistellung des Waldbodens durch Großkahlschlag, flächiges Befahren mit schweren Maschinen oder Streunutzung verschlechtern die Bodenfruchtbarkeit. Die Entwicklung von Waldböden dauert Jahrzehnte. Gestörte Waldböden verlieren sehr stark an Produktionskraft. Düngung ist in Sonderfällen möglich (Schutzwald), bringt aber neben den hohen Kosten noch einige Nachteile mit sich wie Förderung der Konkurrenzvegetation oder gegenüber Wind und Schnee anfällige Kronenwuchsformen.

Bodeneigenschaften bestimmen

Mit einfachen Methoden kann der Waldbesitzer die Ertragskraft des Standorts beurteilen. Krautige Pflanzen, Bodentiefe, Bodenart, Wasserhaushalt und Kalkgehalt unterstützen den Waldbesitzer bei der Baumartenwahl. Neben dem Spatenstich geben Straßenböschungen und Wurzelteller von geworfenen Bäumen wertvolle Einblicke in die lokalen Bodenverhältnisse. Bäume nehmen mit ihren Wurzeln Kontakt mit dem Boden auf. Baumarten mit Herzwurzelsystemen wie die Buche können das Potenzial an Wasser und Nährstoffen besser aufnehmen als Flachwurzler. Bei günstigen Bodenverhältnissen, wie lockeren und tiefgründigen Böden, bilden aber auch flachwurzelnde Baumarten ein üppiges Wurzelsystem aus.

Nicht nur die Pflanzenart, sondern auch deren Wachstum gibt Auskunft über die herrschenden Standortsverhältnisse. Große, saftig wirkende Blätter und Pflanzen zeigen eine gute Nährstoff- und Wasserversorgung. So zeigt die Besenheide (*Calluna vulgaris*) Standorte mit saurer Bodenreaktion an, während der Sanikel (*Sanicula europaea*) Böden mit guter Nährstoffversorgung bevorzugt. Pflanzen zeigen aber auch die Bodenentwicklung an: Das Weißmoos (*Leucobryum glaucum*) oder die Preiselbeere (*Vaccinium vitis-idaea*) sind Verhagerungszeiger und weisen auf einen Verlust der Bodenfruchtbarkeit hin. Die Flatterbinse (*Juncus effusus*) ist ein Verdichtungszeiger und oft auf alten Rückewegen zu finden.

Der mit einem Spaten ausgestochene Bodenziegel gibt einen guten Einblick in die Humusauflage und den darunterliegenden Mineralboden. Ist dieser mit Humus vermischt, so wirkt sich das positiv auf das Pflanzenwachstum aus. Eine krümelige Struktur weist auf reges Bodenleben (Edaphon) hin. Je wohler sich die Bodenlebewesen fühlen, desto schneller werden Nährstoffe umgesetzt. Einen Hinweis darauf gibt die Bodenstreu. Sind nur noch Teile von Blättern und Nadeln erkennbar,

Wenig Bodenstreu ist ein Zeichen für gute Bodenverhältnisse.

verarbeitet das Bodenleben die Pflanzenreste rasch. Ganze Nadeln und Blätter zeigen eine verlangsamte Umsetzungsrate an. Eine dichte Humusauflage ist ein Hinweis auf vermindertes Bodenleben und sehr langsame Aufschließung der Nährstoffe. Dauert dieser Prozess über mehrere Jahre an, kommt es wegen des Nährstoffmangels zu einer Bodenversauerung. Nadeln sind für das Bodenleben grundsätzlich schwerer abzubauen als Blätter. Die Streu der Kiefer ist am schlechtesten abbaubar, auch die Nadeln der Fichte wie auch die ledrigen Blätter der Buche sind schwer abbaubar. Gut abbaubare Streu liefern Pionierbaumarten wie Birke, Salweide und Eberesche.

Die Bodenart entscheidet darüber, wie sehr ein Boden in der Lage ist, Wasser zu speichern. Tonige und lehmige Böden speichern Wasser sehr gut, sandige Böden neigen zur Trockenheit. Auch die Verfügbarkeit von Wasser und Nährstoffen für die Bäume ist von der Textur abhängig. In einem schweren, tonigen Boden können nicht alle Baumarten wurzeln. Die Bodenart wird mittels Fingerprobe bestimmt. Dabei wird der erdfeuchte Mineralboden zwischen zwei Finger genommen und geformt. Sandige Bodenarten lassen sich kaum formen, während bindige, tonreiche Böden sich gut zu langen, dünnen Schnüren ausrollen lassen.

Felsige Böden sind trocken.

Bodenart und Bodentyp

Die **Bodenart** beschreibt die Größe des Bodenmaterials und wird mittels Fingerprobe bestimmt. Bei der Fingerprobe wird nach Befeuchten des Bodens die Formbarkeit getestet.

Sand: Überhaupt nicht formbar. Sand ist gut durchlüftet, warm und bindet Wasser schlecht.

Schluff: Mäßig formbar. Schluff ist warm und bindet Wasser mäßig.

Ton: Gut formbar. Tonige Böden speichern Wasser gut, neigen aber dazu, kalt zu sein und sind schlecht durchlüftet.

Der **Bodentyp** kennzeichnet den Entwicklungszustand des Bodens und wird durch das Bodenprofil bestimmt.

Gley: Sind Auböden mit guter Verbindung zum Grundwasser. Sehr produktive Böden.

Ranker/Rendzina: Besteht das Grundmaterial aus Kalk, handelt es sich um Rendzina, bei Ranker ist das Grundgestein Silikatgrundgestein. Der Mineralboden ist schlecht ausgebildet, daher sind Ranker/Rendzina nur mäßig produktiv.

Braunerden: Sind tiefgründige Böden mit guten bis sehr guten Wachstumsbedingungen.

Podsol: Böden, die durch Auswaschung viele Nährstoffe verloren haben und nur noch mäßig produktiv sind.

Pseudogley: Kommt es zu einer Bodenverdichtung, z. B. durch schweren Maschineneinsatz oder auf Almen durch Vieh, wodurch die Bodenstruktur vernichtet wurde und der Niederschlag nicht mehr in den Boden eindringen kann, handelt es sich um Pseudogley, diese Böden sind nur mäßig produktiv.

Schwarzerden: Produktivster Bodentyp, der meist landwirtschaftlich genutzt wird.

Die **Bodentiefe** oder Gründigkeit gibt Auskunft darüber, wie tief die Wurzeln in den Boden eindringen können. Seichtgründige Böden sind nur bis 30 cm durchwurzelbar, tiefgründige Böden können bis zu 1 m Bodentiefe erreichen. Je gründiger der Boden ist, desto besser sind die Standortsverhältnisse.

Kalkhaltige Böden sind gut vor Bodenversauerung geschützt und meist auch nährstoffreich. Der Nachweis von Kalk im Boden erfolgt durch ein paar Tropfen verdünnter Salzsäure. Ist Kalk im Bodenmaterial vorhanden, beginnt der Boden durch Entstehung von Kohlendioxid charakteristisch zu schäumen – der Boden „braust". Erhältlich ist verdünnte Salzsäure im Fachhandel.

Das Buschwindröschen gehört zu den Bodenpflanzen, die eine gute Nährstoffversorgung anzeigen.

Tab.: **Groborientierung über Bodeneigenschaften, ihre Merkmale und die Standortsgüte**

Bodeneigenschaft	Erkennungsmerkmal	Merkmal für gute Bodenertragskraft	Merkmal für schlechte Ertragskraft
Bodentiefe	Schlagbohrer, Wurzelteller, Straßenböschungen	Ab 50 cm Bodentiefe	Unter 30 cm Bodentiefe
Bodenart	Fingerprobe	Schluff und Lehm speichern Wasser und Nährstoffe gut	Sandige Böden sind trocken, tonige nicht für alle Baumarten besiedelbar
Nährstoffhaushalt	Zeigerpflanzen, Bodentiefe	Sanikel, Buschwindröschen; Bodentiefe ab 50 cm	Besenheide, Preiselbeere; Bodentiefe unter 30 cm
Wasserhaushalt	Bodenart, Bodentiefe	Lehm, Schluff	Tonige und sandige Böden
Kalkgehalt	Probe mit verdünnter Salzsäure	Starkes Brausen	Schwaches oder fehlendes Brausen

Pflanzverfahren in der Praxis

Auf den folgenden Seiten sollen die gängigsten Pflanzverfahren anhand von Illustrationen präsentiert werden. Der Leser soll damit einen Überblick über die verschiedenen Techniken und die verwendeten Pflanzgeräte erhalten. Es wird jedoch dringend empfohlen, vor der Pflanzung einen Lehrgang bei einer Baumschule oder einer forstlichen Ausbildungsstätte zu besuchen oder bei einem Fachmann (Forstfacharbeiter) Ratschläge einzuholen. Den größten Ausfall bei Pflanzungen verursacht auch bei großen Forstbetrieben immer noch die falsche Pflanztechnik. Wenn man sich dazu entschließt, selbst zu pflanzen, sollte man sich mit dem Thema ausgiebig auseinandersetzen, da sonst die Gefahr droht, dass aus der geplanten künstlichen Verjüngung nur ein (teures) Fitnessprogramm im Wald wird.

Pflanzverfahren, die mit maschineller Unterstützung arbeiten, wie einem Erdbohrgerät, oder Setzmaschinen werden nicht besprochen, da davon ausgegangen wird, dass diese Verfahren für die meisten Kleinwaldbesitzer aufgrund der Kosten der Maschinen keine Option darstellen.

Neheimer Pflanzverfahren

Pflanzloch vorlockern: Mit dem Fuß das Blatt des Neheimer Pflanzspatens senkrecht bis etwa zur Hälfte in den Boden drücken. Bei Hindernissen an eine andere Stelle ausweichen. Leichtes Vordrücken der Haue mit einer Hand, um den Boden zu lockern. Die Humusauflage wird nicht freigeräumt. (Abb. 1 u. 2)

Nun wird der Wurzelraum geöffnet. Etwa 10 cm vor dem ersten Einstich den Pflanzspaten mit dem Eigengewicht vollständig in den Boden treten. Den Stiel anschließend mit leichter Oberkörperbewegung deutlich nach vorn drücken. Dann die Blattspitze des Spatens am Bodengrund aufsetzen und den Stiel zurückziehen. (Abb. 3 u. 4)

Pflanze einführen und Wurzel ausrichten: Pflanzwurzel vor dem Spatenblatt in den quadratisch geöffneten Wurzelraum einführen, dabei auf senkrechte Ausrichtung der Wurzel achten. Mit leichtem Einstechen der Blattspitze wird das Erdreich rund um die Jungpflanze gekrümelt. (Abb. 5 u. 6)

An der Pflanze den Mineralboden leicht festtreten. Die Körperhaltung ist dabei aufrecht. (Abb. 7)

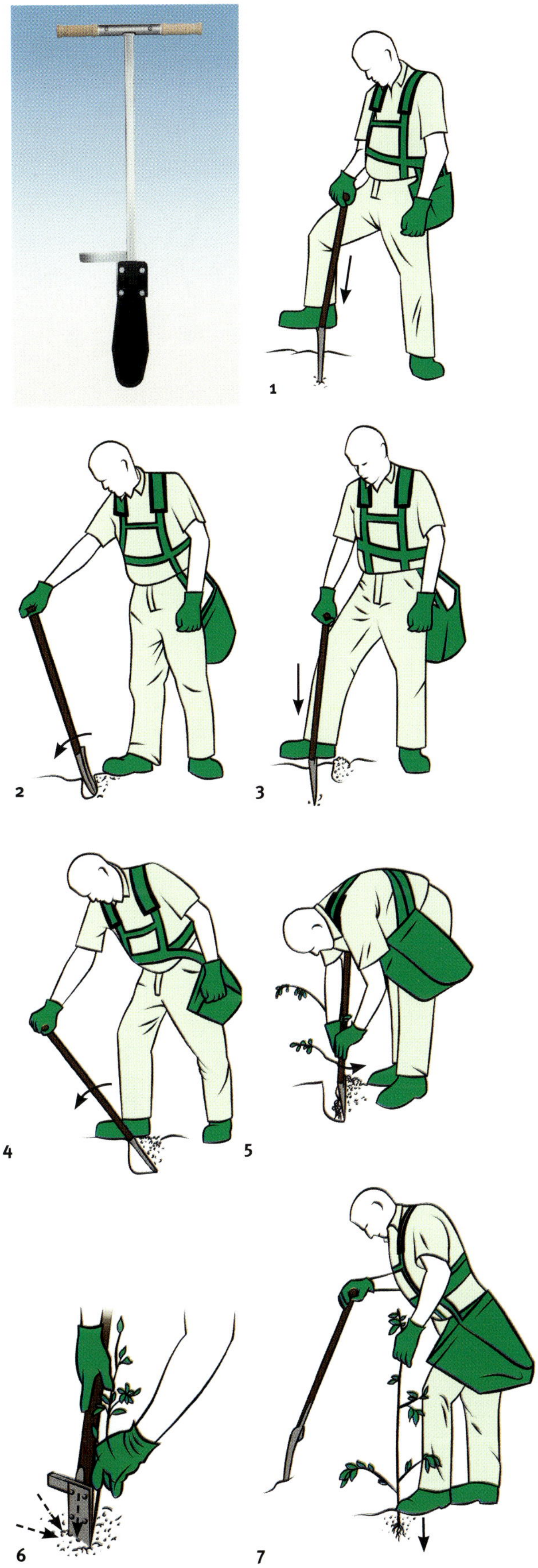

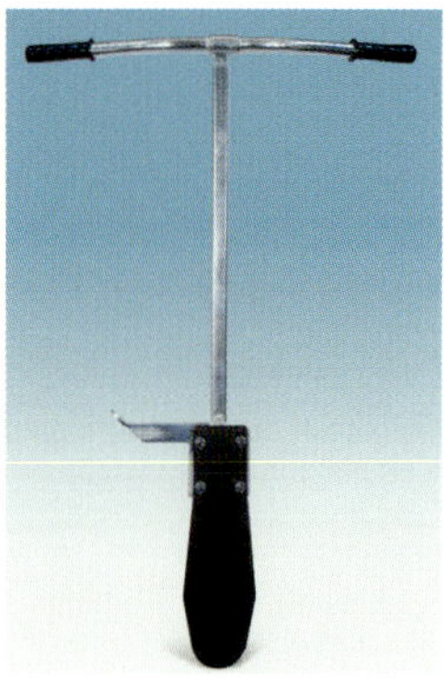

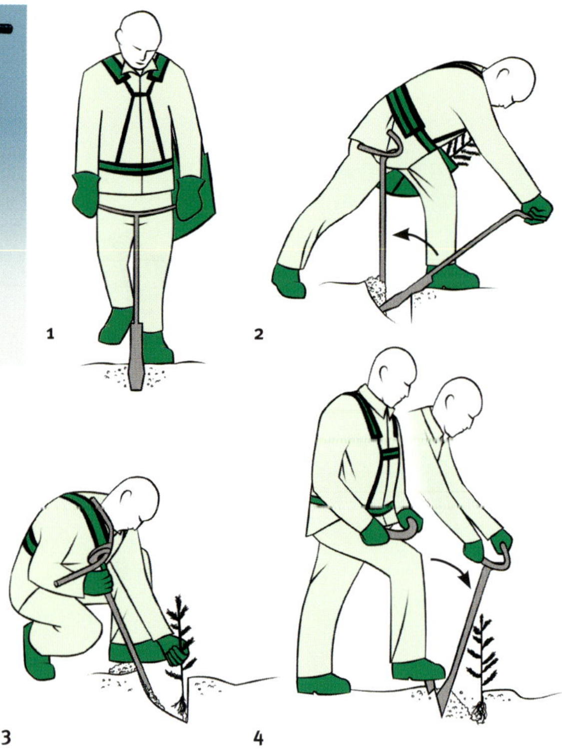

Göttinger Fahrradlenker

Pflanzplatt des Fahrradlenkers senkrecht bis leicht schräg in den Boden eintreten, bis das komplette Blatt im Erdreich steckt. (Abb. 1)

Den Fahrradlenker danach weit nach vorn strecken. Der Oberkörper bleibt dabei gerade, der Arm wird gestreckt. Ähnlich wie beim Ausfallschritt ein Bein nach vorne setzen, um die Balance zu halten. Danach den Fahrradlenker wieder nach hinten ziehen und eine Pflanze aus der Pflanztasche entnehmen. (Abb. 2)

Die Pflanze wird vor dem Blatt gesetzt, dabei wird der Fahrradlenker leicht gedreht. (Abb. 3)

Beim Herausziehen des Blattes gegenläufig die Pflanze weiter nach unten schieben. Auf senkrechten Sitz der Wurzel achten.

Ca. 10 cm schräg hinter der Pflanze das Pflanzbett einstechen und zum Schließen des Pflanzraums den Lenker nach vorne drücken. (Abb. 4)

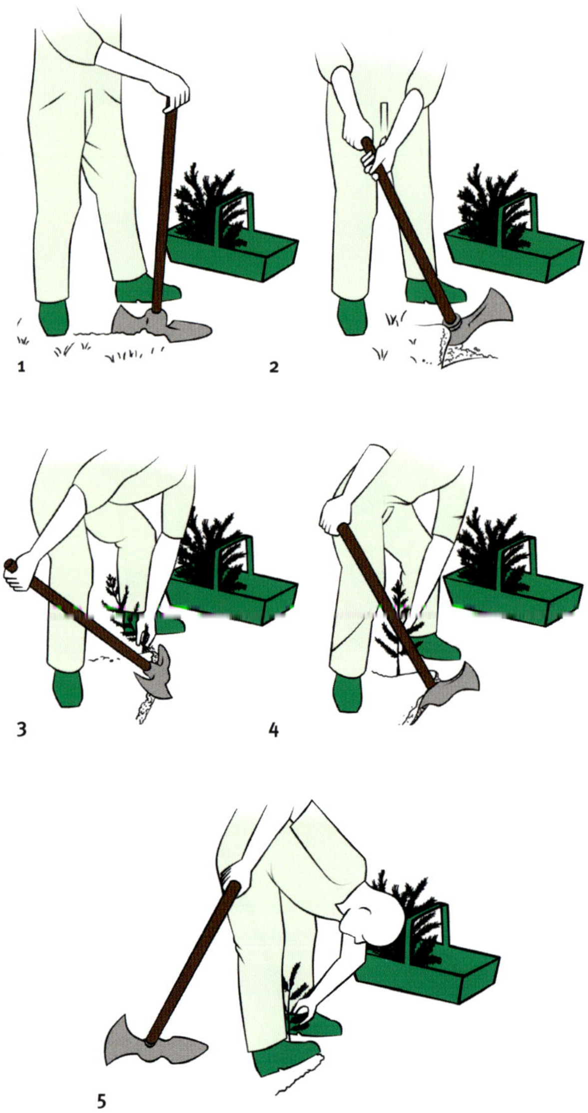

Winkelpflanzung

Um eine aufrechte Körperhaltung zu gewährleisten, bilden Füße und Hacke ein Dreieck. Neben dem Fuß wird die Hacke eingeschlagen und anschließend ausgehebelt.

Danach wird der Hackenstiel zuerst nach vorne, dann zur Seite gedrückt. Der Fuß rückt auf die Höhe des Pflanzlochs vor. (Abb. 1 u. 2)

Pflanze nehmen und in das Pflanzloch befördern. Dabei die Wurzeln ausrichten und den Wurzelhals auf Höhe des Mineralbodens bringen. (Abb. 3)

Haue auf Kniehöhe aushebeln und somit das Pflanzloch schließen. (Abb. 4)

Den Körper auf die Haue stützen, mit dem Fuß das Erdreich festtreten. (Abb. 5)

Buchenbühler Schrägpflanzverfahren

Die Haue wird mit der Hand geführt, die im Alltag auch Führungshand ist. Die Haue wird am Schwerpunkt festgehalten, dieser befindet sich dicht unterhalb des Blattes. (Abb. 1)

Mit einer raschen Bewegung die Haue durch die Hand gleiten lassen, bis die Hand das Stielende erreicht hat. Durch den Aufwärtsschwung fällt die Haue anschließend gezielt in den Boden. Beim Kontakt mit dem Boden die Haue etwas lockerer halten, um Verstauchungen zu vermeiden. (Abb. 2)

Pflanzloch öffnen: Der Stiel wird niedergedrückt und seitlich ausgedreht. Während des Niederdrückens die Haue am Stielende festhalten, beim Andrehen etwa in der Stielmitte. (Abb. 3)

Pflanze in das Pflanzloch einführen, und zwar entlang der Blattfrontseite der Haue. Danach wird die Haue nochmals leicht angehoben und gleichzeitig die Pflanze noch etwas in das Pflanzloch nachgeschoben. (Abb. 4)

Die Haue wieder am Schwerpunkt greifen. Die Pflanze etwas anheben, um eventuell gestauchte Wurzeln in ihre natürliche Lage zu bringen. Anschließend ein tiefer Schließstich mit der Haue, um die gelockerte Erde festzudrücken.

Antreten der Pflanze mit dem Absatz. Danach wieder zurück in die Ausgangsposition (Haue am Schwerpunkt halten) und nächstes Pflanzloch aushebeln. (Abb. 5 u. 6)

Besonders vorsichtig ist bei den letzten beiden Arbeitsvorgängen vorzugehen, da hier die größte Gefahr von Wurzelstauchungen auftreten kann. (Abb. 7)

1

2

3

4

5

6

7

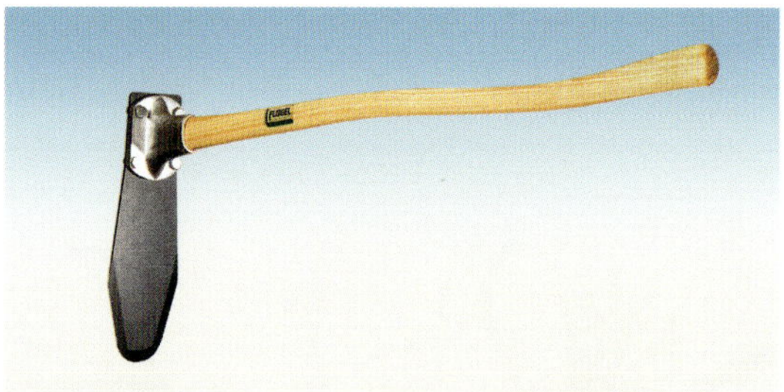

Rhodener Pflanzverfahren

Die Hacke wird beidhändig geführt, bei Rechtshändern rechts vom Körper. Beim Auftreffen auf den Boden wird der Griff gelockert, um ein Prellen der Hände zu vermeiden. Sind die Bodenverhältnisse schwierig, kann auch zweimal in dieselbe Spalte gehauen werden, um die gewünschte Pflanztiefe zu erreichen. (Abb. 1)

Die Hacke wird angehebelt, um so das Erdreich zu lockern. (Abb. 2)

Die Führungshand gleitet vom Knauf bis etwa zur Mitte des Hackenstiels. Durch Herunterdrücken des Stiels bis auf die Erde öffnet sich der Pflanzspalt. (Abb. 3)

Die Pflanze wird entlang des Blattes in den Pflanzspalt geschoben. (Abb. 4)

Durch leichtes Anheben des Blattes am Hackenflansch und nochmaliges Nachschieben der Pflanze in den freigewordenen Hackenspalt kommt die Wurzel noch einmal ein Stück tiefer in den Boden. (Abb. 5)

Mit einem Hackenstich vor der Pflanze und Anheben des Stiels wird der Pflanzspalt geschlossen. Mit dem Stiefelabsatz wird die Pflanze festgetreten. (Abb. 6)

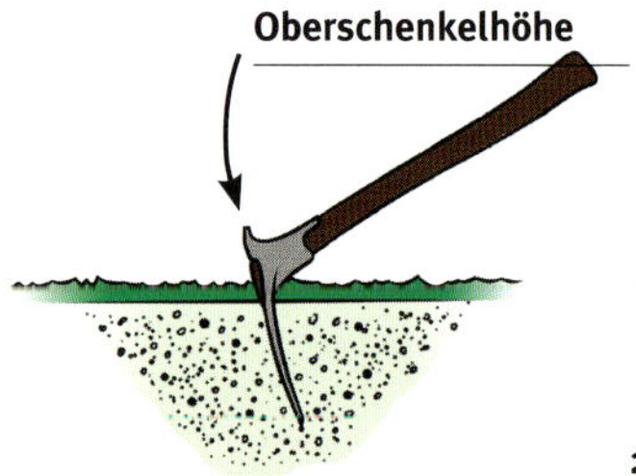

1

2

3

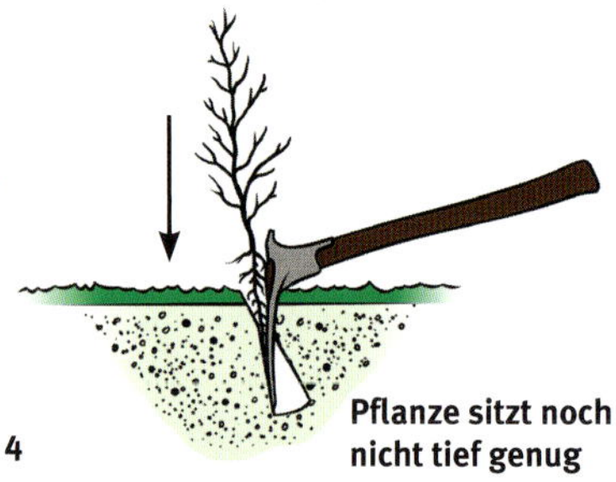

4

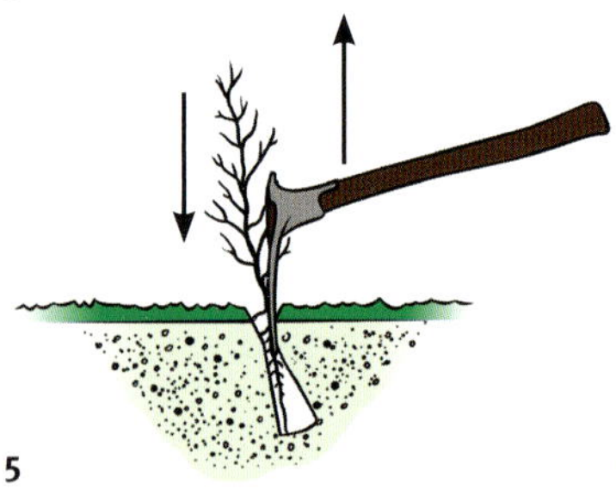

5

6

Schlagvarianten für Sonderfälle

Variante I: versetzter Schlag bei verdichtetem Boden

Variante II: seitlicher Einschlag bei großen Pflanzen

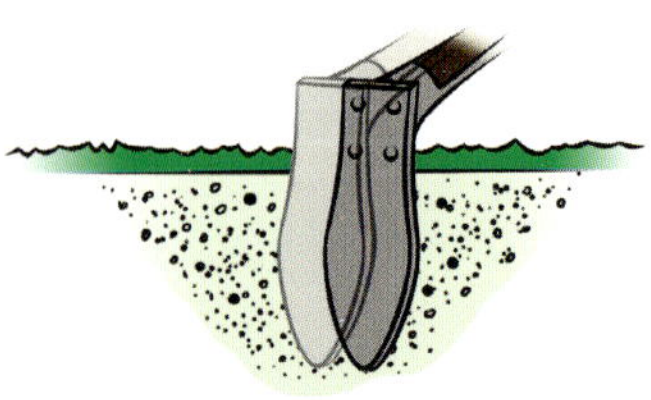

Variante III: seitlich versetzter Einschlag bei Eichen

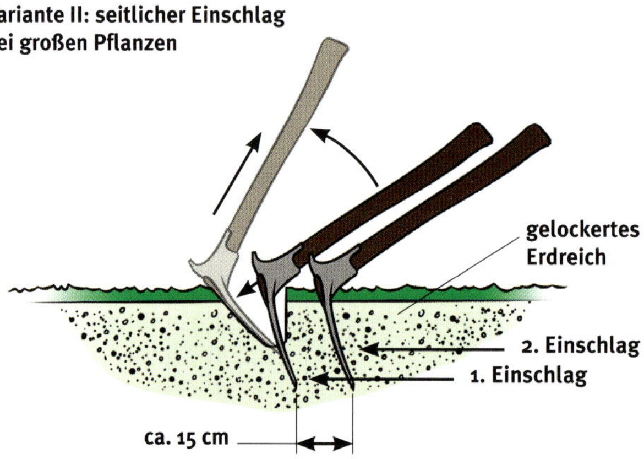

Variante IV: versetzte Schläge, um Raum für große Wurzelballen zu schaffen

Hohlspatenpflanzung

Senkrechtes Einstechen des mit der Öffnung zum Körper zeigenden Spatens unter Ausnutzung des Körpergewichts.

Ausziehen des Spatens, wobei die Erde mit dem Fuß im Boden gehalten wird. (Abb. 1)

Schräger Gegenstich, der vom Körper weg zeigt. Beide Stiche sollen sich leicht überschneiden. Die Erde wird anschließend ausgehoben und die Pflanze in das Pflanzloch gesteckt. Die Erde wird wieder in das Pflanzloch befördert und mit einem Fuß festgetreten.

Abschließend wird noch einmal kontrolliert, ob die Pflanze fest sitzt. (Abb. 2 u. 3)

1

2

3

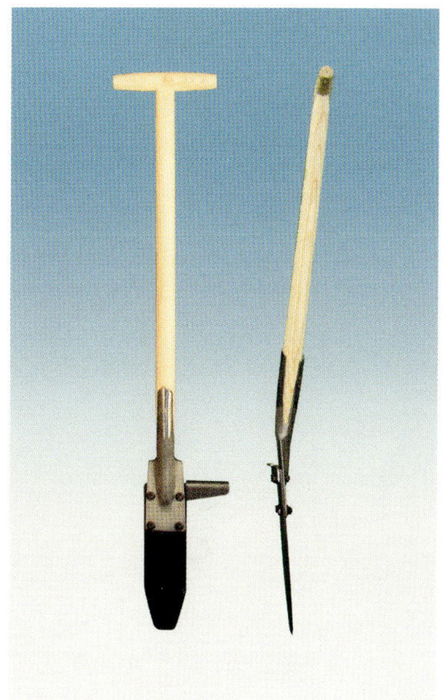

Containerpflanzung

Mittels Pflanzrohr werden die Containerpflanzen in den Boden verbracht. Der Pflanzvorgang erfolgt dabei bei aufrechter Körperhaltung, wodurch dieser Pflanzvorgang sehr ergonomisch ist. (Abb. 1)

Zudem werden die Pflanzen erst unmittelbar vor der eigentlichen Pflanzung dem Container entnommen, Störungen des Wachstums werden dadurch vermieden. (Abb. 2 u. 3)

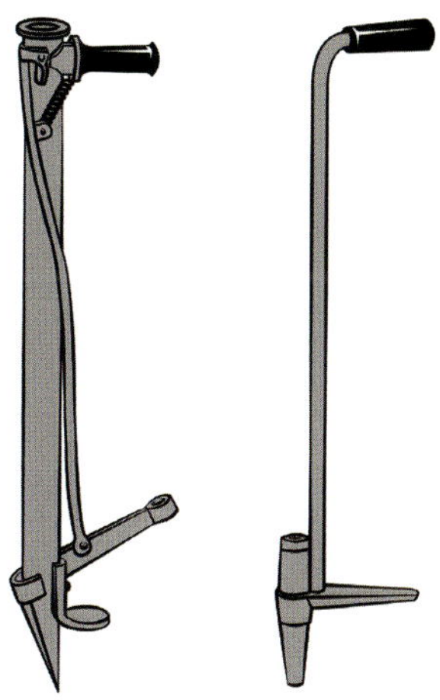

1

2

3

Standortsansprüche der wichtigsten Baumarten

Fichte (*Picea abies*)

Die Fichte ist in Mitteleuropa die häufigste Baumart. Aufgrund ihrer geringen Ansprüche und ihrer gleichzeitig hohen Produktivität wurde sie sowohl von Forstbetrieben als auch im Privatwald bevorzugt vor allem in Monokulturen eingebracht. Obwohl die Probleme mit standortsfremden Fichtenbeständen schon lange bekannt sind, findet man sogenannte sekundäre Nadelwälder noch immer in vielen Gebieten. Der Umbau dieser standortsfremden, künstlichen Bestände ist vor allem in Deutschland im Gange, in Österreich wartet diese Herausforderung noch auf viele Waldbesitzer.

Die Fichte ist eine Gebirgsbaumart, die auf gute Wasserversorgung angewiesen ist, hinsichtlich der Nährstoffe stellt sie weniger Ansprüche. Die Fichte kommt bis zur Baumgrenze vor. Je tiefer das Anbaugebiet, desto geringer sollte der Fichtenanteil werden. Gegenüber sommerlicher Trockenheit reagiert die Fichte sehr empfindlich, speziell wenn das Wasserangebot im Boden gering ist. Eine ganze Reihe von Schädlingen ist auf die Fichte spezialisiert, die in ihrem natürlichen Verbreitungsgebiet vor allem durch das raue Klima im Zaum gehalten werden. In milderen Tieflandgebieten finden Schadinsekten aber bessere Entwicklungsbedingungen und stellen somit eine wesentlich größere Gefahr für die Fichte dar. Verstärkt wird dieser Effekt noch in Monokulturen. Die Fichte hat den Ruf als Flachwurzler, auf tiefgründigen, frischen Böden ist sie aber durchaus in der Lage, stabile Wurzelsysteme zu bilden. Auf dichten, vor allem pseudovergleyten Böden, wie sie typisch bei Aufforstungen von ehemaligen landwirtschaftlichen Böden vorkommen, bildet die Fichte aber nur flache Wurzeln aus und ist somit stark windwurfgefährdet. Im montanen und subalpinen Fichtenwald bildet sie Reinbestände aus, in denen beigemischt Bergahorn, Eberesche und Lärche vorkommen. Sie vermischt sich aber auch mit Tanne und Rotbuche. Ihre schwer abbaubare Streu bildet Rohhumus und führt somit zur Bodenversauerung. Die Fichte verjüngt sich durch Naturverjüngung auch in Gebieten, die außerhalb ihres eigentlichen Standorts liegen.

Aufgrund ihrer außerordentlichen wirtschaftlichen Bedeutung kann auf die Fichte nicht gänzlich verzichtet werden, gleichzeitig darf sie aber nicht mehr im Reinbestand begründet werden, speziell in Tieflagen sollte ihr Anteil bei maximal 25 % liegen. Mit dem Klimawandel und den zunehmend besseren

Entwicklungsbedingungen wird aber auch in den Gebirgsbeständen die Bedeutung der Mischbaumarten zunehmen.

Tanne (*Abies alba*)

Die Tanne ist eine verschmähte Hauptbaumart. Ihre aktuelle Verbreitung im Wirtschaftswald ist deutlich niedriger, als ihr natürliches Verbreitungsgebiet es zulassen würde. Die Tanne ist eine Baumart des Mittelgebirges und hat ihren optimalen Standort zwischen Buchen- und Fichtenwäldern. Mit beiden Baumarten vermischt sie sich auch und ist auch in der Lage, mit den beiden Arten zu konkurrieren.

Tannenbestände sind ebenfalls hochproduktiv. Die Art ist allerdings hinsichtlich ihres Wasserhaushaltes sehr anspruchsvoll. Ideale Tannenstandorte befinden sich auf Flächen mit einem jährlichen Niederschlag von mindestens 1.000 mm. Der Anbau auf trockenen Standorten kommt daher nicht in Frage. Bei guter Wasserversorgung ist sie tolerant gegenüber Nährstoffverhältnissen. Obwohl sie eine Gebirgsbaumart ist, ist sie extrem empfindlich gegenüber Spätfrösten. Mit ihren kräftigen Tiefwurzeln erschließt sie auch pseudovergleyte Böden und ist daher eine sehr stabile Baumart.

Die Tanne sollte nicht im Reinbestand begründet werden, sondern in Mischung mit Fichte und Buche. Bei der Verjüngung muss sie vor Verbiss geschützt werden, auf den sie sehr empfindlich reagiert. Die hohe Wilddichte ist mitunter ein Grund für den aktuellen geringen Anteil der Tanne in den mitteleuropäischen Wäldern. Der andere Grund ist ihre schlechte Vermarktbarkeit am Holzmarkt. Aufgrund ihrer Produktivität und Stabilität sollten die Waldbesitzer aber zukünftig mehr Mut zur Tanne haben, auch weil sie sich als ideale Mischbaumart in Fichtenmonokulturen eignet.

Lärche (*Larix decidua*)

Die Lärche ist eine ausgesprochene Gebirgsbaumart, gemeinsam mit Zirbe und Fichte bildet sie die obere Waldgrenze. Die Lärche ist in der Lage, auch Rohböden zu besiedeln, eine Fähigkeit, die nur wenige Baumarten besitzen. Sie ist eine absolute Lichtbaumart, die aber durchaus wüchsig ist. Eine Besonderheit ist auch, dass die Lärche im Gegensatz zu den anderen Nadelbaumarten im Winter ihre Nadeln abwirft. Sie ist gegenüber Trockenheit (wächst auch auf Standorten mit Jahresniederschlägen von nur 450 mm) ebenso wie gegen Frost tolerant: bis zu –40 °C kann die Lärche überleben. Im Hochgebirge bildet sie lockere Reinbestände, die früher auch von alpinen Landwirten als Weideflächen (Lärchwiesen) genutzt wurden. In trockenen Gebieten vergesellschaftet sie sich mit der Zirbe, die mehr Schatten verträgt. Sie wird in Tieflagen häufig als wüchsige und leicht vermarktbare Mischbaumart angebaut.

Kiefer (*Pinus sylvestris*)

Die Kiefer ist eine ausgesprochen anspruchslose Baumart und kommt vor allem an Standorten vor, die für die meisten anderen Baumarten nicht besiedelbar sind. Gemeinsam mit Birke und Salweide ist sie eine typische Pionierbaumart, dabei ist sie aber wesentlich wüchsiger als die beiden Laubbaumarten, sowohl bezüglich der Höhe als auch des Durchmessers. Ihre Zähigkeit verdankt die Kiefer ihrem sehr kräftigen Herzwurzelsystem, das in der Lage ist, Böden tief zu durchdringen. Auch hinsichtlich des Klimas ist sie sehr tolerant: sowohl trockene als auch frostige, nördliche Standorte akzeptiert sie. Vor allem auf degradierten ehemaligen Laubwaldstandorten wurde die Kiefer gepflanzt, da sie in der Lage war, die verarmten Böden zu bewachsen. Im Vergleich zur Fichte ist sie dank ihres Wurzelsystems wesentlich sturmfester. In Gebieten mit Nassschnee sollte die Kiefer nicht angebaut werden, da sie zum Schneebruch neigt. Auch kann der Reinbestand der Kiefer selbst auf sehr nährstoffarmen Standorten nicht empfohlen werden, da die Kiefer eine sehr schwer abbaubare Streu besitzt und somit auf ohnehin schon schlechten Standorten die ungünstigen Bodenverhältnisse noch verschlechtert. An solchen Standorten empfiehlt sich eine Vergesellschaftung mit Birke und Salweide. Der Reinbestand der Kiefer verbietet sich auch, weil es eine Reihe von Schadinsekten gibt, die schwere Schäden in Kiefernmonokulturen verursachen können, wie Kiefernschwammspinner, Kiefernspinner, Forleule und Waldgärtner. Sie kann als Mischbaumart eingesetzt werden, allerdings muss sie stark gefördert werden, da sie als Lichtbaumart nicht konkurrenzfähig ist.

Zirbe (*Pinus cembra*)

Die Zirbe ist eine Halbschattbaumart des Hochgebirges. Sie wächst vornehmlich in der subalpinen Vegetationszone. Sie bevorzugt luftrockene, kalte Klimalagen. In der Jugend verträgt sie Beschattung gut. Gegen Frost ist sie unempfindlich. Die Art bevorzugt frische und tiefgründige Böden sowie versauerte Rohhumusböden. Die Zirbe stellt nur geringe Ansprüche an den Nährstoffgehalt des Bodens. Sie ist auch an der Baumgrenze zu finden, wo sie sehr kleine Exemplare ausbildet. An der Waldgrenze ist sie der markanteste Baum. Vergesellschaftet tritt sie mit der Lärche auf sowie vereinzelt auch mit der Fichte. Sie bildet auch Reinbestände, die jedoch sehr geringe Stammzahlen aufweisen. Von Bedeutung ist die Zirbe vor allem für Hochlagenaufforstungen. Als typische Gebirgsbaumart sollte sie auch nur in alpinen Regionen kultiviert werden.

Douglasie (*Pseudotsuga menziesii*)

Die Douglasie ist ein Exot, der ursprünglich aus dem pazifischen Nordosten der USA stammt. In ihrer Heimat ist die Douglasie an ein sehr humides Klima ohne große Temperaturgegensätze angepasst. Kurzfristigen Niederschlagsmangel während der Vegetationsperiode toleriert sie. Die Douglasie bevorzugt tiefgründige, lockerere und frische Böden. Sie verträgt Trockenheit besser als die Fichte, aber ist nicht so tolerant wie die Kiefer. Verwendet werden sollte sie in Gebieten, die von milden Wintern und gleichzeitig mäßig warmen Sommern geprägt sind. Verdichtete Böden verträgt sie ebenso wenig wie Überflutungen. In der Jugend ist sie sehr empfindlich gegenüber Frost, was die potenziellen Anbaugebiete in Mitteleuropa somit stark einschränkt. Trotzdem ist sie der am häufigsten verwendete Exot, was sie ihrer Wachstumsleistung zu verdanken hat. Sie ist selbst wüchsiger als die Fichte. Als Schattbaumart hat sie die Tendenz, in Mischbeständen andere Baumarten rasch zu dominieren und wird daher vor allem in kleinflächigen Reinbeständen kultiviert. Durch ihr stabiles Wurzelsystem ist sie sturmfester als die Fichte und wird auch als mögliche Ersatzbaumart für die Fichte gesehen.

Hainbuche (*Carpinus betulus*)

Sie kommt vor allem in Tieflagen vor, in Höhen über 1.000 m ist sie nur selten anzutreffen. Die Hainbuche bildet Mischbestände sowohl mit der Eiche als auch mit der Buche. Im Eichen-Hainbuchen-Wald ist sie die dienende Baumart. Ihr dichtes Blätterdach beschattet die Stämme der Eichen und sorgt dafür, dass sich keine Triebe entwickeln, die das Eichenholz entwerten würden. Im Buchenwald kommt sie als Pionierbaumart vor, sie kann aber nicht mit der Buche konkurrieren und verbleibt in der Unterschicht. Optimale Wuchsbedingungen findet die Hainbuche auf frischen, nährstoffreichen, lockeren Böden. Sie kommt aber auch mit trockenen Sandböden und Frost zurecht. Die stärksten Hainbuchen wachsen in Auwäldern.

In der Forstwirtschaft kommt sie nur als Mischbaumart vor. Da sie vom Schalenwild gern angenommen wird, kann sie auch als Ablenkung für das Wild in Eichen- und Buchenjungbeständen verwendet werden. Von allen heimischen Baumarten hat nur der Speierling ein härteres Holz. Hainbuchenholz hat einen hohen Brennwert. Die Hainbuche hat die Fähigkeit zum Stockausschlag und wurde früher im Niederwald zur Brennholzproduktion genutzt.

Traubeneiche (*Quercus petraea*)

Die Traubeneiche ist eine Baumart des Tieflandes. Sie steigt zwar vereinzelt bis auf 1.000 m, als bestandesbildende Baumart sollte sie aber nicht über 500 m verwendet werden. Sie hat hohe Ansprüche an die Wärme. Deshalb sollte sie auch nicht in Mulden oder ähnlichen spätfrostgefährdeten Gebieten angebaut werden. Das Klima ist für den erfolgreichen Anbau der Traubeneiche entscheidender als die Bodenverhältnisse. Im Gegensatz zur Stieleiche konzentriert sich ihr Vorkommen auf bodentrockene Standorte, da sie mit wenig Feuchtigkeit auszukommen vermag. Unverträglich reagiert sie auf pseudovergleyte Standorte, auch Böden mit hohem Grundwasserspiegel (Gleye) sind als Anbaugebiet auszuschließen. Auch besonders arme Standorte, die an Nährstoffmangel leiden, sollten nicht mit der Traubeneiche bebaut werden. Als Anbaugebiet werden Tieflandgebiete mit lehmigen Böden empfohlen, in denen keine Staunässe herrscht.

Die Traubeneiche ist eine Lichtbaumart. Sie hat ein kräftiges Wurzelsystem und ist sehr stabil gegenüber Stürmen. Sie kann sowohl im Rein- als auch im Mischbestand vorkommen. Gegenüber der Buche ist sie aber nicht konkurrenzfähig, wohl benötigt sie aber Schattbaumarten, die den Stamm beschatten und astfrei halten. Dafür kommen Hainbuche und Linde sowie auf mäßig trockenen Standorten auch die Buche in Frage.

Stieleiche (*Quercus robur*)

Im Gegensatz zur Traubeneiche verträgt die Stieleiche Böden mit hohem Grundwasserspiegel sehr gut. Sie ist daher eine typische Baumart der harten Au. Ihre Wärmeansprüche ähneln aber der Traubeneiche, sie ist ebenfalls eine Baumart der Tiefebene. Die Stieleiche kommt auch gut mit schweren Böden zurecht, aber auch mit sandigen und nährstoffarmen Substraten. Im Vergleich zur Traubeneiche ist sie aber bedürftiger bezüglich der Nährstoffe und des Wasserhaushalts. Sie ist zudem empfindlich gegenüber Spätfrösten. Den Boden erschließt sie mit ihrem starken Wurzelsystem sehr gut und ist widerstandsfähig gegenüber Stürmen.

Da sie nährstoffarme Standorte besiedeln kann, ist sie eine Mischbaumart für Kiefer und Birke, die diese Böden ebenfalls besiedeln können. In der harten Au kommt sie mit einer Reihe von anderen Laubhölzern wie Spitzahorn, Esche und Feldulme vermischt vor. Sie hat hohe Lichtansprüche. Als wichtigste Schadfaktoren sind Verbiss und Schälen zu nennen. Schädlinge sind der Frostspanner und der Eichenwickler.

Rotbuche (*Fagus sylvatica*)

Auf ihren Optimalstandorten ist die Buche die konkurrenzkräftigste Baumart. Ideale Wuchsgebiete sind submontane Standorte mit guter Wasser- und Nährstoffversorgung. Ohne menschlichen Eingriff würde der Großteil Mitteleuropas, mit Ausnahme von trockenen Steppengebieten und Gebirgsregionen, von Buchenwäldern dominiert werden. Ihre Konkurrenzkraft verdankt die Buche ihrer ausgeprägten Fähigkeit, Schatten zu ertragen. Die Buche hat hohe Ansprüche an die Bodenfeuchtigkeit, in trockenen Gebieten bildet sie Mischbestände mit Eichenarten, mit zunehmender Feuchtigkeit fehlt sie vollständig. Die Buche kennt aber keine echte Höhengrenze und kommt auch im Hochgebirge vor, dort ist sie im Wachstum zwar Fichte und Tanne deutlich unterlegen, eignet sich aber als stabile Mischbaumart. Die Rotbuche bildet ein Herzwurzelsystem aus und erreicht so tiefe Schichten. Empfindlich reagiert sie jedoch auf verdichtete Böden und Bodenversauerung, dann wurzelt sie nur in den obersten Schichten. Auf solchen Standorten neigt die Rotbuche in der Folge auch zum Windwurf. Sie benötigt wenigstens fünf Monate Vegetationszeit.

Aufgrund ihrer Konkurrenzkraft bildet die Buche häufig Reinbestände aus, die auch als „heilige Hallen" bezeichnet werden. Da sie aber auf einem breiten Spektrum an Standorten wächst, vermischt sie sich auch mit einer ganzen Reihe von anderen Arten wie Fichte, Tanne, Lärche, Douglasie, Kiefer, Bergahorn, Esche und Kirsche. Sie reagiert auf plötzliche Freistellungen mit Sonnenbrand und ist auch durch Verbiss und Schälen gefährdet. Die Buche wird am häufigsten mittels Schirmschlag verjüngt.

Esche (*Fraxinus excelsior*)

Die Esche ist eine sogenannte Edellaubholzart, sie stellt hinsichtlich Nährstoffversorgung und Bodentiefe hohe Ansprüche an den Standort. Die Esche besitzt die Fähigkeit, auf sehr kalkhaltigen Standorten Trockenheit zu tolerieren, ansonsten sollte sie aber nicht auf trockenen Standorten angebaut werden. Die Esche ist eine typische Baumart von Standorten mit guter Wasserversorgung, sie wächst an Sonderstandorten wie frischen Schluchtwäldern, in der harten Au ist sie ebenso anzutreffen. Sie ist eine Baumart der Tiefebene, kommt aber vereinzelt auch über 1.000 m vor. Sie ist eine absolute Lichtbaumart, unter dem lichten Schirm der Esche bilden sich dichte Grasteppiche aus.

Die Esche ist sehr sturmfest. Mit reichlicher Pflege produziert die Esche wertvolles Holz, das sich auch sehr gut vermarkten lässt. Sie ist empfindlich gegenüber Verbiss. Seit einigen Jahren kommt es durch einen Pilz zum Eschentriebsterben. Es gibt derzeit keine Behandlungsmöglichkeit. Befallene Bäume sollen aber belassen werden, da sie nicht infektiös sind. Zudem hofft man, dass durch befallene Bäume Toleranzen gegenüber dem Pilzbefall aufgebaut werden. Aufgrund des Eschentriebsterbens sollte in gefährdeten Gebieten die Esche nur mittels Naturverjüngung verjüngt werden.

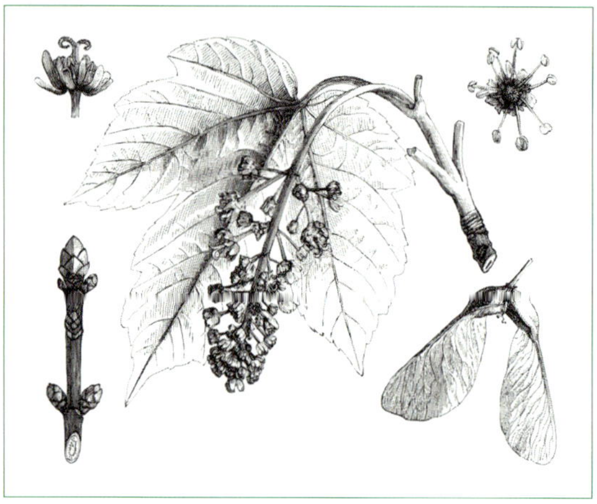

Bergahorn (*Acer pseudoplatanus*)

Der Bergahorn ist eine Baumart des Mittelgebirges. Er kommt als Mischbaumart sowohl in buchendominierten Buchenwäldern als auch in montanen Fichtenwäldern vor. Er ist einer der wenigen Laubbäume, die auch deutlich über 1.000 m Seehöhe noch anzutreffen sind. Daher eignet er sich sehr gut als Mischbaumart für Fichtenreinbestände. Der Bergahorn verträgt Beschattung sehr gut, was ihn generell zu einer wichtigen Mischbaumart macht. Er ist jedoch nicht so wüchsig wie Buche oder Fichte und dringt in Mischbeständen kaum in die Oberschicht vor. Ebenso wie die Esche ist er eine anspruchsvolle Baumart und hat hohe Ansprüche an Wasserhaushalt und Nährstoffe im Boden. Trockene und nährstoffarme Standorte taugen nicht als Anbaugebiet für den Bergahorn. Der Bergahorn profitiert von den hohen Stickstoffeinträgen durch die Atmosphäre, weshalb er seit einiger Zeit sein Verbreitungsgebiet ausdehnt. Auf sehr guten Standorten kann der Bergahorn auch Reinbestände bilden, die bei guter Pflege wertvolles Holz produzieren.

Vogelkirsche (*Prunus avium*)

Die Vogelkirsche ist eine Baumart mit breitem Verbreitungsspektrum, sie ist sowohl in Tieflagen als auch in montanen Regionen anzutreffen. Am häufigsten ist sie aber als Mischbaumart in Eichenwäldern zu finden. Sie ist bezüglich des Standorts tolerant. Sowohl nährstoffreiche Böden als auch trockene und nährstoffarme Böden werden von ihr besiedelt. Rohhumus meidet sie allerdings. Sie ist eine Lichtbaumart und muss in Mischbeständen gefördert werden, da sie sonst von Schattbaumarten überwachsen wird. Ihre Lichtbedürfnisse nehmen mit dem Alter noch zu. Sie neigt zur Kernfäule, weshalb sie spätestens im Alter von 70 Jahren geerntet werden muss.

Birke (*Betula pendula*)

Die Birke ist der klassische Pionierbaum. Auf Freiflächen, wo viel Licht vorhanden ist, kommt die Birke aufgrund ihrer Anspruchslosigkeit im Reinbestand vor. Es werden nahezu alle Arten von Standorten von ihr besiedelt, nur anmoorige Gebiete meidet sie. Als Pionierbaumart ist sie auch in der Lage, Rohböden zu besiedeln. Sie ist in allen Höhenstufen zu finden. Die Birke ist eine absolute Lichtbaumart, die Beschattung nicht verträgt. Die Birke leistet wertvolle Dienste, indem sie Vorwälder bildet. Sie erschließt den Boden für andere Baumarten und verbessert durch ihre leicht abbaubare Streu auch die Nährstoffverhältnisse. Aufgrund ihres großen Potenzials zur Naturverjüngung ist es nicht notwendig, die Birke künstlich zu verjüngen. Da sie eine raschwüchsige Pionierbaumart ist, wird sie nur etwa 100 Jahre alt. In Mitteleuropa wird sie forstwirtschaftlich kaum genutzt und im Wert auch unterschätzt. In Skandinavien hingegen wird sie zur Wertholzproduktion verwendet und sogar geastet.

Eberesche (*Sorbus aucuparia*)

Auch die Eberesche ist eine Pionierbaumart, die als Lichtbaumart vor allem lichte Bestände vom Tiefland bis ins Hochgebirge besiedelt. Sie ist sehr frosthart, was ihr auch die Besiedelung hochmontaner Standorte erlaubt. Bezüglich des Nährstoffhaushalts ist sie sehr anspruchslos. Auch an den Wasserhaushalt stellt sie keine großen Ansprüche und wächst sowohl auf feuchten als auch auf trockenen Böden. Sie ist als einzige Laubbaumart auch noch an der Baumgrenze anzutreffen, dort kommt sie aber nur als Strauch vor. Ihre Samen werden von Vögeln verbreitet, weshalb man Keimlinge von Ebereschen an den erstaunlichsten Orten finden kann, wie beispielsweise in morschen Gemäuern. Ihre Anspruchslosigkeit und das rasche Wachstum machen sie zu einer wertvollen Mischbaumart bei Gebirgsaufforstungen. Sie wird auch gern vom Wild angenommen und stark verbissen. Durch ihr hohes Potenzial zur Naturverjüngung ist eine künstliche Verjüngung nicht nötig, auch weil ihr Holz kaum wertvoll ist. Trotzdem sollte sie vor allem in Gebirgsregionen belassen werden, da sie ökologischen Wert besitzt, zudem stellt sie keine Konkurrenz für andere Gebirgsbaumarten dar.

Sinnhaftigkeit der Düngung

Wälder sind seit Hunderten von Jahren menschlichen Einflüssen und Belastungen ausgesetzt. Können diese Störungen nicht mehr abgepuffert werden, so treten Degradationen auf. Über die Zufuhr von Nährstoffen kann ungünstigen Entwicklungen gegengesteuert werden. Die Verbesserung schlechter Bodenzustände, um das Ertragsniveau zu steigern, nennt man Melioration.

Aktuell sind die meisten Böden aber gut nährstoffversorgt, wie verschiedene Studien belegen. An vielen Standorten übertreffen die Zuwächse sogar die Erwartungen. Dafür gibt es eine Reihe von Gründen:

- Negative Praktiken, wie die Streunutzung oder das Schneiteln (Abschneiden von Grünästen), werden seit Langem nicht mehr durchgeführt, die Böden konnten sich also erholen.
- Der Eintrag von Stickstoff in den Wald hat denselben Effekt wie eine Düngung.
- Auch der höhere Anteil von CO_2 in der Atmosphäre führt zu positiven Wachstumseffekten.

Devastierte Böden hingegen weisen einen Nährstoffmangel auf, die Gründe dafür können vielfältig sein.

- Nährstoffmangel und Bodenversauerung als Folge historischer Landnutzungsformen (Waldweide, Schneitelung und Streunutzung): Laubbaumreiche Mischwälder wurden von Nadelwäldern, wie etwa anspruchslosen Kiefernwäldern, abgelöst.
- Nährstoffmangel als Folge schlechter Waldnutzung: Zum Beispiel wurden auf an sich guten, aber nährstoffverarmten Standorten anspruchsvolle Bestände begründet, deren Nährstoffbedarf aus dem Boden nicht gedeckt werden kann. Ebenso können Kahlschläge zu Nährstoffverarmung führen, weil der Schlagrücklass relativ rasch mineralisiert wird und die freigesetzten Nährstoffe nur zum Teil gespeichert werden können.
- Nährstoffmangel und Bodenversauerung durch neuzeitliche Luftverschmutzungen führten zu weiterer pH-Absenkung im Boden, weiterer Auswaschung von Nährelementen und Unausgewogenheit in den Nährelementverhältnissen.

Tab.: **Hauptnährelemente und die Symptome für den jeweiligen Nährstoffmangel**

Stickstoff	Kurze Triebe, kleine Blätter mit gelbgrüner Verfärbung von den älteren zu den jüngeren Blättern
Phosphor	Kleine Blätter und Nadeln, die blaugrün verfärbt sind
Kalium	Nadeln haben gelbe Spitzen bis zu rotbraunen Stellen, die bereits abgestorben sind. Blätter haben gelbe bis braune Ränder.
Magnesium	Nadeln sind an der Spitze golden verfärbt. Blätter zeigen gelbe bis braune Flecke zwischen den Blattrippen.
Mangan	Gelbfärbung bei Nadeln und Blättern
Eisen	Gelbe Aufhellung der jüngsten Blätter und Nadeln

Die traditionelle Holzproduktion führt zu durchschnittlichen Biomasseentzügen von etwa 2–8 t Trockenmasse je Hektar und Jahr und kommt somit an landwirtschaftliche Erträge mittlerer und schlechter Böden heran. Der Unterschied liegt also nicht in der entzogenen Biomasse, sondern in deren Qualität: Im Holz ist nur ein Minimum an Nährstoffen gebunden. Die Entzugszahlen an Nährstoffen in der forstlichen Produktion sind daher ungleich geringer als in der Landwirtschaft. Aufgrund dieser Tatsache kann auf den meisten Waldstandorten nachhaltige Forstwirtschaft ohne Düngung betrieben werden.

Tatsächlich gibt es aber auch heute noch Böden, die derart verarmt sind, dass eine Bodenverbesserung notwendig ist und daher Meliorationsmaßnahmen gerechtfertigt sind. Solche Waldgebiete sind aber selten, an der überwiegenden Mehrzahl der Standorte sind daher solche Maßnahmen nicht erforderlich.

Bereits im 19. Jahrhundert betrieb die Forstwissenschaft ausgiebige Versuche mit Düngung. Hintergrund war dabei der Wunsch einer verbesserten Produktion und einer deutlichen Steigerung des Wachstums. Es waren viele Versuche auch tatsächlich erfolgreich, und durch die Düngung ließen sich Zuwachssteigerungen erreichen. Das Problem mit den gedüngten Flächen war aber, dass der verstärkte Zuwachs nachließ, sobald die Düngung beendet wurde. Durch Düngung erreicht man also einen Wachstumsschub, der allerdings nur so lange anhält, wie auch wirklich gedüngt wird.

Befindet sich der Waldbesitz nicht auf einem bekannt degradierten Standort, dann ist von der Düngung abzusehen, und zwar aus mehreren Gründen:

- Es gibt auch Negativeffekte bei der Düngung, insbesondere die Auswirkungen auf Flora und Fauna sind noch nicht restlos geklärt, ebenso kann es zu Problemen mit der Belastung des Grundwassers kommen.
- Die Düngung kostet Geld.
- Die Düngung ist kompliziert und verlangt Fachwissen.

Das Gesetz des limitierenden Faktors, auch Minimumgesetz genannt, besagt, dass das Wachstum einer Pflanze durch das Hauptnährelement begrenzt wird, das nicht in ausreichender Menge zur Verfügung steht. Um dieses Hauptnährelement zu bestimmen, sind aber umfangreiche Bodenuntersuchungen notwendig, die wiederum Kosten verursachen.

Ein weiterer Grund, der gegen die Düngung in Verjüngungen spricht, ist, dass an Verjüngungsstandorten die Umsetzungsprozesse im Boden normalerweise beschleunigt vorgehen. Das Bodenleben wird durch den vermehrten Lichtzugang, wie er auf Kahlschlägen oder in vorgelichteten Beständen üblich ist, aktiviert. Dadurch werden auch die Nährstoffvorräte mobilisiert und den jungen Pflanzen steht daher im Normalfall eine ausreichende Menge an Nährstoffen zur Verfügung.

Da durch den immer noch anhaltenden Stickstoffeintrag sowie den Klimawandel ohnehin schwerwiegende Änderungen auftreten, mit denen das Ökosystem Wald zurechtkommen muss, sollten die Wälder nicht auch noch künstlich durch verzichtbare Düngungsmaßnahmen auf Droge gesetzt werden.

Schäden und deren Abwehr

Am Beginn ihres Lebens sind Bäume einer Vielzahl von Gefahren ausgesetzt. Sowohl ungünstige Witterungsbedingungen (abiotische Schäden) als auch diverse Fressfeinde wie Insekten, Mäuse, Rehe oder pathogene Organismen wie Pilze bedrohen das Heranwachsen der neuen Baumgeneration. Im Vergleich zu ausgewachsenen Bäumen sind Keimlinge und Jungpflanzen wesentlich verletzlicher: Sie verfügen nur über einen Bruchteil der Biomasse eines reifen Baumes, dementsprechend schwerwiegender wirken sich Schäden, z. B. an den Blättern, aus. Durch den geringeren Anteil an Biomasse ist auch die Widerstandsfähigkeit von jungen Bäumen wesentlich geringer.

Als Waldbesitzer will man natürlich eine möglichst gesunde Verjüngung heranwachsen lassen. Hier lautet das Motto: Gefahr erkannt, Gefahr gebannt. Von den vielen möglichen Gefahren sind jedoch nur wenige von tatsächlicher wirtschaftlicher Bedeutung, die meisten lassen sich durch gezielten Anbau und Prävention verhindern. Eine Sonderrolle bei den Schäden nimmt das Wild ein, dementsprechend wird der Wildeinfluss gesondert behandelt.

Frost kann zum Absterben von Bäumen führen. Keimlinge sind besonders gefährdet.

Abiotische Schäden

Junge Bäume sind der unbelebten Umwelt und diversen Witterungseinflüssen aufgrund ihrer geringeren Höhe weitaus weniger ausgesetzt als ältere Bestände.

Während **Windwurf** in älteren Beständen einer der wichtigsten Schadensfaktoren ist, sind Jungwüchse vom Windeinfluss praktisch nicht betroffen. Die Auswirkungen der Witterung wie Starkregen oder Hagel sind für die Verjüngung, die vom Schirm eines Altbestandes geschützt wird, ebenfalls geringer. Verjüngungen auf Freiflächen, wie Kahlschläge oder Ackeraufforstungen, sind der Witterung stärker ausgesetzt. Durch den Anbau von standortsgerechten Baumarten sorgt der Waldbesitzer dafür, dass die Jungpflanzen mit den für den Standort jeweils typischen Witterungseinflüssen auch zurechtkommt, wie etwa die Eiche mit Trockenheit oder die Lärche mit starkem Frost.

Spätfrost

Spätfrost ist der bedeutendste abiotische Schadfaktor bei Jungpflanzen. Tanne und Douglasie sowie praktisch alle Laubbaumarten mit Ausnahme der Birke sind empfindlich gegenüber tiefen Temperaturen während des Frühjahrs. Spätfrost führt zum Absterben von frischen Trieben, aber auch Keimlinge, Blätter und Blüten werden von ihm geschädigt. Vor allem in Mulden, in denen sich sogenannte Kaltluftseen bilden, kommt es zu Spätfrost. Ebenso gefährdet sind Verjüngungen auf Freiflächen, da die Wärmeausstrahlung hier wesentlich stärker ist als im Bestandesinneren.

Befindet sich die Verjüngungsfläche in Gebieten, die bekannt sind für die Bildung von Spätfrösten, dann taugen für den Anbau auf Kahlschlägen nur unempfindliche Arten wie Fichte, Kiefer oder Lärche. Will man empfindliche Nadelbäume oder Laubholz verjüngen, so muss die Verjüngung entweder unter dem Schirm des Altbestandes erfolgen oder unter dem Schutz eines Vorwaldes aus Birke und Salweide. Bodenbearbeitung kann ebenfalls helfen: Dichte Vegetationsdecken sowie dicke Streuauflagen verhindern den Wärmeaustausch mit dem Boden, daher sind diese in spätfrostgefährdeten Gebieten zu entfernen.

Barfrost

Von Barfrost spricht man, wenn eine mit Feuchtigkeit gesättigte, lockere Bodendecke gefriert. Es bilden sich kleine Eissäulen im Boden, die denselben hochheben. Dabei werden Keimlinge und junge Bäume ebenfalls aus der Erde mit angehoben. Setzt der Tau ein, so senkt sich der Boden zwar, aber die Pflanzen bleiben mit entblößten Wurzeln in der erhobenen Position und gehen danach meist ein.

Durch Schnee können junge Bäume absterben.

Besonders gefährdet für dieses Phänomen sind nasse und anmoorige Böden ohne schützende Schneedecke. Pflanzt man auf nassen Standorten, so ist um etwa 15 cm tiefer zu setzen als üblich.

Schnee

Schnee kann die Verjüngung vor Frost schützen, er kann aber auch dazu führen, dass Jungpflanzen absterben, und zwar durch Schneedruck und Schneeschub. Beim **Schneedruck** werden die Pflanzen von der Schneelast niedergedrückt, wodurch es zu einer Beeinträchtigung des weiteren Wachstums kommt. Beim **Schneeschub** wiederum werden die Pflanzen mitsamt den Wurzeln ähnlich wie beim Barfrost aus dem Erdreich gedrückt. Betroffen sind davon alle Nadelbäume sowie Erle, Birke, Linde, Eiche und Buche. Vor allem in Hochlagen, wo viel Schnee fällt und die steilen Lagen die Schubwirkung noch verstärken, sind die Auswirkungen des Schneeschubs bei Lärchen erkennbar, und zwar am typischen Säbelwuchs. Säbelwuchs kann aber auch ein Anzeichen für Bodenerosion und Wind sein.

Wasser

Es ist notwendig für alles Leben, daher ist ein längerer Wassermangel für viele Pflanzen tödlich. Ebenso kann aber auch zu viel Wasser das Pflanzenleben beenden. Trockenheit und Überschwemmungen treten durch Wetterextreme auf und können junge Bäume absterben lassen. Durch den Klimawandel ist mit solchen Phänomenen noch häufiger als bisher zu rechnen, der Waldbesitzer kann dem nur durch standortgerechte Baumartenwahl begegnen.

Waldbrände

Diese sind häufig auch mit einem Mangel an Wasser verbunden. Waldbrände werden vom reichlichen Vorhandensein von Pflanzmaterial wie ausgetrockneten Gräsern und dürren Ästen sowie von längeren Trockenperioden gefördert. Nadelbaumbestände sind durch Waldbrände gefährdeter als Laubbaumbestände, da das Holz von Laubbäumen mehr Wasser enthält und deshalb schwerer entzündlich ist.

In Mitteleuropa sind Waldbrände erst seit Kurzem ein Schadensfaktor, dessen Bedeutung aber in den letzten Jahren stark zugenommen hat und weiter zunehmen wird. In gefährdeten Gebieten können verschiedene präventive Maßnahmen, wie die Entfernung von dürren Grasdecken, die Anlage von vegetationsfreien Riegeln (behindern das Feuer bei der Ausbreitung) und die Erhöhung des Laubholzanteils, das Waldbrandrisiko vermindern.

Hat eine Verjüngung erst einmal Feuer gefangen, dann ist sie als verloren anzusehen. Das Feuer vernichtet nicht nur Blätter und

Waldbrände vernichten Samen und Keimlinge.

Triebe, die starke Hitze zerstört auch das Wurzelsystem. Feuer kann aber auch verjüngungsfördernd wirken, in Russland werden zu verjüngende Flächen abgebrannt, um Konkurrenzvegetation und Rohhumus zu entfernen. In der Asche sind zudem viele Nährstoffe enthalten.

Insekten

Derzeit sind etwa 1 Mio. Insektenarten bekannt, manche Forscher schätzen ihre Zahl aber auf bis zu 30 Mio., da man davon ausgeht, dass vor allem in den Tropen bisher noch viele Arten speziell in den Baumwipfeln unentdeckt blieben. In Mitteleuropa ist die Artenvielfalt weitaus geringer, aber es sind immer noch etwa 30.000 Arten bekannt. Viele davon sind Pflanzenfresser und auf eine oder mehrere Baumarten spezialisiert. Angesichts dieser großen Anzahl an Insektenarten ist es erstaunlich, dass nur einige wenige Arten für Schäden im Wald sorgen. Diese können allerdings verheerende Ausmaße annehmen, sowohl in Altbeständen als auch in Kulturen.

Großer Brauner Rüsselkäfer (*Hylobius abietis*)

Dieser Käfer kann in Nadelholzkulturen große Schäden anrichten und ist der bedeutendste Schädling in Verjüngungen. Dadurch kann der Erfolg einer Aufforstung erheblich bedroht werden. Die Flugzeiten erstrecken sich von etwa Mitte Mai bis Mitte September. Als

Der Große Braune Rüsselkäfer tötet junge Fichten.

Schädlinge treten nur die erwachsenen Käfer und nicht die Larven auf. Über das ganze Jahr frisst der Braune Rüsselkäfer an junger Pflanzenrinde. Das typische Fraßbild zeigt über den gesamten Stamm verteilte Flecken fehlender Rinde. Dies führt zu einer starken Austrocknung des jungen Baumes und in weiterer Folge zu seinem Absterben. Da der Rüsselkäfer vor allem auf Kahlschlägen schädlich auftritt, wird er auch „Geisel der Kahlschlagwirtschaft" genannt.

Die effektivsten Abwehrmaßnahmen gegen den Befall des Großen Braunen Rüsselkäfers beginnen bereits vor der Kulturbegründung. In Gebieten, in denen das vermehrte Auftreten des Rüsselkäfers bekannt ist, sollte auf Kahlschlag und eine Aufforstung mit Fichte (Kiefer und Lärche werden im Gegensatz zur Tanne ebenfalls befallen) gänzlich verzichtet werden. Wird Fichte gepflanzt, dann muss eine Schlagruhe von zumindest drei Jahren eingehalten werden. Zur Überwachung können Fangknüppel und Fangrinde ausgelegt werden, allerdings sind diese Methoden umstritten, da sie ungenaue Ergebnisse liefern.

Hat es der Rüsselkäfer geschafft, eine Kultur zu erobern, bleiben zur Bekämpfung nur noch chemische Methoden. Aktuell sind in Österreich hierfür fünf Pflanzenschutzmittel zugelassen, zwei davon sind auch als Spritzmittel geeignet. Derzeit gibt es noch keine biologischen Möglichkeiten, um den Rüsselkäfer zu bekämpfen. Deshalb sollte bereits im Zuge der waldbaulichen Planung darauf geachtet werden, dass dem Rüsselkäfer kein Substrat geliefert wird. Neben der Schlagruhe kann dies auch durch einen Wechsel der Baumart oder eine Abkehr von der Kulturbegründung mit Fichtenmonokulturen erreicht werden.

Auch ein vermehrtes Nutzen der Naturverjüngung kann hilfreich sein. Wird von Beginn an naturnah gearbeitet, lässt sich der Einsatz von hochtoxischen Stoffen auch vermeiden, der in vielen Fällen schlicht als Korrektur von gescheitertem Waldbau gesehen werden muss.

Kleine Fichtenblattwespe (*Pristiphora abietina*)

Diese Wespenart ist ebenfalls ein Schädling, der in Fichtenkulturen auftritt. Die Raupen fressen die jungen Maitriebe. Durch den Fraß der Nadeln kann es zu Wipfeldürre, einer Missbildung der Wipfel und einem damit verbundenen gestörten Höhenwachstum kommen. Typisch für die Kleine Fichtenblattwespe ist ein chronischer Befall in manchen Regionen.

Als Gegenmaßnahme kommt die chemische Bekämpfung in Frage. In Gebieten, wo der Befall bekannt ist, kommt nur ein Baumartenwechsel in Frage, da diese Wespenart, wie der Name schon sagt, auf die Fichte spezialisiert ist.

Kiefern-Kulturrüssler (*Pissodes castaneus*)

Ein Schädling, der sowohl auf Fichte als auch auf Kiefern vorkommt. Es handelt sich um einen Rüsselkäfer, dessen Larvenfraß zum Absterben der Jungpflanzen führt. Die Fraßbilder sind vor allem in Erdbodennähe zu finden.

Als einzige Gegenmaßnahme kommt ein Baumartenwechsel in Frage, wobei hier die Schwierigkeit darin liegt, dass der Käfer vor allem in schlechtwüchsigen Kiefernkulturen vorkommt. Da die Kiefer aber an sich schon eine Baumart ist, die vor allem an Extremstandorten stockt, kommen nur Pionierbaumarten wie Birke und Eberesche als Ersatzbaumarten in Frage.

Überhaupt ist die Kiefer von allen Baumarten diejenige, bei der die Anzahl potenzieller Schadinsekten am größten ist. Neben dem Kiefernkulturrüssler sind der **Kiefernknospenwickler** (*Evetria turionana*), der **Kieferntriebwickler** (*Evetria buoliana*) sowie der **Kieferngraurüssler** (*Brachyderes incanus*) zu nennen. Der Kiefernknospenwickler kommt in Kulturen vor, die zwischen sechs und 15 Jahre alt sind. Er höhlt den Mitteltrieb aus, der daraufhin abstirbt. Eine Bekämpfung ist nur chemisch möglich. Dasselbe gilt für den Kieferntriebwickler, der Kulturen im gleichen Alter angreift. Wichtiges Kennzeichen für seinen Befall ist das sogenannte Posthorn, dabei handelt es sich um eine Triebverkrümmung. Der Kieferngraurüssler oder Graue Kiefernnadelrüssler schließlich greift als Larve die Wurzeln an, die erwachsenen Käfer fressen die Nadeln.

Zusammengefasst kann gesagt werden, dass die Kiefernschädlinge vor allem in Kulturen vorkommen, die an ertragsarmen Standorten aufgeforstet werden. In den meisten Fällen ist das Vorkommen der Schadinsekten den zuständigen Forstbehörden bzw. Landwirtschaftskammern bekannt. Vor dem Anbau der Kiefer ist daher Auskunft über diverse Schädlinge einzuholen. In solchen Fällen sollte über einen Baumartenwechsel nachgedacht oder zur Anlage von Kulturen mit weiten Abständen übergegangen werden, zwischen denen sich die Naturverjüngung diverser Pionierbaumarten ansamen kann, um so das Schädlingsrisiko zu verringern.

Auch junge Eichen stehen auf dem Speisezettel mehrerer Schadinsekten. Man spricht von der sogenannten Eichenfraßgesellschaft. Für die Verjüngung sind folgende Arten von Bedeutung:

Grüner Eichenwickler (*Tortix viridana*)

Der Falter ist nachtaktiv und legt seine Eier im Juni in Eichenkronen ab. Danach schlüpfen die Raupen und bohren sich in Knospen und Blätter. Starker Befall ist durch Gespinste erkennbar, die dichten Spinnenweben ähneln. Der Fraß beeinträchtigt die Mast und den Zuwachs.

Frostspanner (*Operophthera brumata*)

Der Schmetterling erscheint nach den ersten Frösten im Oktober. Die flugunfähigen Weibchen klettern aus der Bodenstreu kommend den Stamm entlang und legen die Eier an der Rinde ab. Die Raupen schlüpfen von Ende April bis Anfang Mai und fressen an den aufbrechenden Blatt- und Blütenknospen. Die Blätter werden oft zusammengesponnen. Der Frostspanner tendiert ebenfalls zur Massenvermehrung und zum Kahlfraß.

Der Frostspanner kann durch Kahlfraß Nadelbäume abtöten.

Larven der Kleinen Fichtenblattwespe

Tannentrieblaus (*Dreyfusia nüsslini*)

Als Schädling an der Tanne ist die Tannentrieblaus zu nennen. Sie befällt Tannen, die zwischen acht und 30 Jahre alt sind und an lichten, warmen Standorten vorkommen. Sie ist somit vor allem ein Schädling in Tannenaufforstungen. Die Laus saugt an den Trieben und führt zu einem Absterben der Triebe und in weiterer Folge der Jungpflanzen. Da die Tanne aber ausgezeichnet unter Schirm verjüngt werden kann, kommt die Tannentrieblaus nur selten vor.

Wie bereits eingangs erwähnt, sind nur wenige Insektenarten als Kulturschädling von Bedeutung. Das zeigen auch die Zahlen der Schadensinventuren in Deutschland und Österreich. Einzig der Große Braune Rüsselkäfer ist als bedeutender Kulturschädling im Jahr 2014 zu nennen: In Baden-Württemberg lag die Schadfläche bei 27 ha, in Bayern bei 200 ha, in Österreich noch bei 1.300 ha.

Daraus ergibt sich für den Waldbesitzer, dass Insektenschäden bei Verjüngungsprojekten nur in Einzelfällen zu Problemen werden und da vor allem bei Fichte, Eiche und Kiefer. Vor der Bestandesbegründung mit diesen Baumarten sind daher als erste präventive Maßnahme Informationen einzuholen über Kenntnisse der zuständigen Forstbehörden über potenzielle Schädlinge.

Pilze

Lange Zeit wurden Pilze zu den Pflanzen gezählt, mittlerweile werden sie aber einem eigenen Reich – ebenso wie Tiere und Pflanzen – zugeordnet. Pilze sind im Gegensatz zu Pflanzen nicht in der Lage, Photosynthese zu betreiben, und ernähren sich von organischem Material. Im Waldgefüge spielen sie eine wichtige Rolle, da die heimischen Baumarten auf die Symbiose (Mykorrhiza) mit Pilzen angewiesen sind. Es gibt aber auch einige Arten, die als Schädlinge auftreten, und dabei auch Verjüngungen gefährden können. Schäden durch Pilze sind stark abhängig vom Standort, von der Witterung und der Baumart. Mittlerweile werden kaum noch Schädlingsmittel gegen Pilze zugelassen (Fungizide), wodurch der Waldbesitzer gefordert ist, mögliche Pilzschäden durch geschicktes waldbauliches Handeln zu vermeiden.

Hallimasch (*Armillaria mellea*)

Ein Forstschädling, der auch in Kulturen auftritt. Obwohl der Hallimasch vor allem an Fichte und Kiefer zu finden ist, befällt er alle Baumarten in allen Altersstadien. Besonders häufig ist er auf Nadelholzkulturen zu finden, auf denen zuvor Laubhölzer gestockt haben. Solche Baumartenwechsel sollten wenn möglich verhindert werden. Wurzelverletzungen sollten ebenfalls vermieden werden, da sie eine Eintrittspforte für den Hallimasch sind – dies gilt aber für viele andere Pilzarten auch. Da der Hallimasch sich von der Wurzel weg entwickelt, ist sein Befall für Jungpflanzen besonders kritisch. Der Hallimasch führt zu Weißfäule und zersetzt das Holz. Erkennbar ist der Befall daran, dass faules, vom Hallimasch durchzogenes Holz im Dunklen leuchtet.

Wurzelschwamm (*Heterobasidion annosum*)

Der Wurzelschwamm kommt an Fichte, Kiefer und Douglasie vor und ist ein bedeutender Schädling unter den Pilzen. Der Wurzelschwamm wächst vorwiegend an lebenden Stämmen, und zwar über das gesamte Jahr. Befallenes Holz erkennt man daran, dass es

Viele Pilze leben in Symbiose mit Bäumen, es gibt aber auch Arten, die schädigen.

Rotfäule bei einer Fichte

nicht mehr fest und zudem rot verfärbt ist. Auf befallenem rotfaulen Holz an Stöcken bilden sich Fruchtkörper, die Sporen aussenden. Die Sporen infizieren frische Baumstümpfe und verbreiten sich über Wurzelkontakt an benachbarte Stämme. Die Infektion erfolgt aber auch über Verletzungen der Wurzeln und Stammanläufe. Schälschäden, aber auch Rückeschäden können deshalb ebenfalls eine Eintrittspforte für die Sporen des Wurzelschwammes darstellen. Ist der Pilz erst einmal im Baum angekommen, befällt das Myzel zunächst den Bast, um sich dann im weiteren Holzkörper auszubreiten. Dabei wächst der Pilz stammaufwärts, was für die wirtschaftliche Verwertung besonders negativ ist, da das Erdbloch der wertvollste Stammabschnitt ist. Der Wurzelschwamm bildet auch Fruchtkörper aus, aber erst nachdem der Baum abgestorben ist, weshalb ein Befall meist erst bei der Holzernte erkennbar wird. Ein weiteres Symptom für einen Befall ist auch der starke Harzfluss.

Besonders gefährdet sind Fichten auf flachgründigen Böden sowie auf Böden mit hohem pH-Wert und gutem Stickstoffgehalt. Der Wurzelschwamm ist eine typische Erkrankung von aufgeforsteten Fichtenbeständen, in Norddeutschland spricht man von der Ackersterbe. Besonders stark befallene Bäume brechen in Bodennähe ab. Vor allem in jungen Beständen kann der Befall bestandesbedrohend sein.

Begünstigt wird der Wurzelschwamm durch:

- Erstaufforstungen auf Ackerflächen, in denen kaum noch natürliche Gegenspieler des Wurzelschwamms vorhanden sind,
- enge Pflanzverbände, in denen durch die Durchforstungen viele Stümpfe entstehen, wodurch eine große Menge an Eintrittspforten für den Pilz gegeben ist.

Der Waldbesitzer kann waldbaulich und technisch dem Wurzelschwamm vorbeugen. Waldbaulich, indem weite Pflanzverbände angelegt werden und auch Mischbaumarten in der Kultur vorkommen, die für den Wurzelschwamm kein geeignetes Brutmaterial darstellen. Bei der technischen Vorbeugung werden frische Stöcke mit Präparaten behandelt, um eine Infektion zu verhindern.

Es handelt sich hierbei um eine biologische Abwehrmaßnahme: Der Wurzelschwamm wird mit einem anderen Pilz, dem Riesen-Rindenpilz (*Phlebiopsis gigantea*) bekämpft. Die Präparate können händisch aufgebracht werden. In Skandinavien gibt es seit einigen Jahren auch Harvesterköpfe, die Spritzdüsen enthalten, von denen aus das Präparat auf den frischen Stamm ausgebracht wird.

In stark geschädigten Beständen, in denen mehr als 20 % der Stämme befallen sind, ist eine Bekämpfung nicht mehr sinnvoll und die Fichte muss durch andere Baumarten ersetzt werden.

Schneeschimmel (*Herpotrichia juniperi*)

In den montanen und subalpinen Regionen ist der Schneeschimmel ein Grund dafür, dass Verjüngungen scheitern oder starke Ausfälle erleiden. Er kommt an Nadelbäumen vor, vor allem an Fichte und Lärche. Der Schneeschimmel verklebt und tötet Äste ab, die sich in Hohlräumen unterhalb der Schneedecke befinden. Eine Bekämpfung des Schneeschimmels ist bis dato nicht möglich.

Grauschimmel (*Botrytis cinerea*)

Er befällt sowohl Nadel- als auch Laubbäume. Im Frühjahr werden die jungen Triebe vom Pilz besiedelt, die in weiterer Folge welken und schließlich im Spätsommer absterben. Am häufigsten ist der Grauschimmel neben Pflanzgärten in dichten und überschirmten Naturverjüngungen zu finden. Eine chemische Bekämpfung ist möglich.

Kiefernschütte (*Lophodermium pinastri*)

Auf junge Kiefern ist die Kiefernschütte spezialisiert. Dieser Pilz befällt die Nadeln. Gefördert wird er durch hohe Luftfeuchtigkeit, dichte Kulturen und hohe Bodenvegetation. Durch weitere Pflanzreihen wird der Befall ebenso wie durch Unkrautbekämpfung vermindert. Der wiederholte Befall führt zum Absterben der Kiefern.

Buchen-Umfallkrankheit (*Phytophthora omnivora*)

In Buchennaturverjüngungen kann dieser Pilz schwere Schäden anrichten. Neben der Buche werden auch andere Laubbaumarten angegriffen. Außerdem ist die Fichte gefährdet. Dieser Pilz befällt nur Keimlinge, kann aber gerade deshalb in Kulturen gefährlich werden. Eine Bekämpfung ist nicht möglich.

Eichenmehltau (*Microsphaera alphitoides*)

Dieser Pilz wurde vermutlich aus Nordamerika eingeschleppt. Befallen werden vor allem junge Blätter. Auf den befallenen Blättern bilden sich zimtfarbene Flecken, die sich rasch ausbreiten. Das weiße Pilzmyzel überzieht die gesamte Oberfläche des Blattes. Im späteren Befallsstadium rollt sich das Blatt ein, färbt sich braun und fällt vorzeitig ab.

Einsatz von Chemie im Wald

In Österreich und Deutschland existieren strenge Pflanzenschutzmittelgesetze, in denen klar definiert ist, welche Mittel in welcher Konzentration wofür verwendet werden dürfen. Für den Privatwaldbesitzer sollte der Einsatz von chemischen Pflanzenschutzmitteln aber im Normalfall nicht notwendig sein: Information und Baumartenwahl sind in den meisten Fällen ausreichend, um diversen Schadorganismen, seien es nun Insekten oder Nagetiere, Paroli zu bieten. Die heute zugelassenen Pflanzenschutzmittel sind weitaus selektiver und weniger schädlich als Mittel, die früher zum Einsatz kamen, wie etwas das hochgiftige DDT, trotzdem können sie auf Umwelt und Mensch belastend wirken. Zudem stellt der Einsatz wiederum einen Aufwand an Kosten und Zeit dar.

In gewissen Fällen kann der Einsatz der „chemischen Keule" unverzichtbar sein, doch dieser sollte nur dann erfolgen, wenn dazu auch wirklich von Expertenseite geraten wird und es keine Alternative dafür gibt.

Nager

Auch unter den Nagetieren finden sich einige Waldbewohner, die der Verjüngung gefährlich werden können. Manche dieser Schäden werden aber zu Unrecht Reh oder Rothirsch zugewiesen. Auch wenn die beiden Schalenwildarten insgesamt viel bedeutendere Schäden an der Verjüngung anrichten, so ist es doch wichtig, den Verursacher möglicher Schäden einwandfrei identifizieren zu können, vor allem für die Bekämpfung ist es entscheidend zu wissen, um welches Tier es sich handelt: So ist ein Zaun, der gegen Rehe gerichtet ist, wirkungslos, wenn Mäuse die jungen Bäume verbeißen.

Anhand des Fraßbildes kann man Wiederkäuer (Rehe, Rothirsch, Gams) vom Hasen- und Nagetierverbiss unterscheiden: Wiederkäuer haben im Oberkiefer keine Schneidezähne (im Gegensatz zu Nagetieren), sondern lediglich eine Kauplatte. Die geästen Pflanzenteile werden deshalb mehr abgequetscht und abgerupft als abgeschnitten. Ausgefranste Verbissstellen sind daher Rehen und Hirschen zuzuordnen, während glatt abgeschnittene Pflanzenteile durch Nagetiere und Hasen verursacht wurden. Eine weitere Hilfe bei der Zuordnung ist der Verbisswinkel: Nager gehen meist schräg an die Triebe heran, wodurch sich ein Winkel von ungefähr 45° ergibt, während von Wiederkäuern verbissene Triebe ungefähr rechtwinkelig sind.

Die Rötelmaus nagt an Rinde und Knospen.

Feldhasen

Die Feldhasen leben in offenen Lebensräumen, kommen mitunter aber auch in lichten Laubwäldern vor. Regional können Feldhasen ein Verjüngungsproblem darstellen. Der Feldhase verbeißt Jungpflanzen meist kurz über dem Boden. Als Bekämpfung kommen hasendichte Zäune in Frage sowie das Bestreichen der Pflanzen mit diversen Wildschadenverhütungsmitteln. Angesichts der stark schrumpfenden Populationen des Feldhasen in Mitteleuropa sind Schäden aber eher selten.

Wildkaninchen

Diese kommen gern an Waldrändern und Blößen vor. Sie verbeißen sowohl Nadel- als auch Laubbäume. Zäune sind gegen Wildkaninchen oft nutzlos, da sie sehr gut graben können. Das Hauptproblem bei Schäden durch Wildkaninchen ist ihr massenhaftes Auftreten, wodurch sie schwere Schäden in Verjüngungen anrichten können. Sind Schäden durch das Wildkaninchen zu beobachten, so hilft nur die scharfe Bejagung.

Eine Variante ist auch die „Bewachung" der Kulturen durch natürliche Feinde des Kaninchens wie Rotfuchs, Marder und Wiesel. Durch das regelmäßige Verstreuen von Schlachtabfällen oder Hundefutter in der Nähe von Kulturen werden die Fressfeinde der Wildkaninchen angelockt, das vermehrte Vorkommen von Fressfeinden kann die Wildkaninchen dazu bringen, die Kulturen zu meiden. Ebenso können künstliche Ansitzwarten für Greifvögel helfen.

Wühlmäuse

Während die Vertreter der echten Mäuse keine nennenswerten Schäden an Jungpflanzen anrichten, können Wühlmäuse sehr wohl zu bedeutenden Schäden führen. Die Rötel- und die Erdmaus sind die dafür verantwortlichen Arten. Die Rötelmaus ist ein Waldbewohner, der besonders in Edellaubbaumverjüngungen durch Benagen der Rinde und der Knospen schwere Schäden anrichten kann. Die Erdmaus kommt auf vergrasten Kahlflächen und Buchenverjüngungen vor.

Bei der Bekämpfung hilft die Entfernung der Bodenvegetation sowie die Unterstützung der Fressfeinde: Reisighaufen in unmittelbarer Nähe der Verjüngung sind ideale Verstecke für Wiesel, Sitzstangen mit einer Höhe von 2–2,5 m dienen als Aussichtsposten für Greifvögel wie Mäusebussard und verschiedene Eulenarten.

Typisches Erkennungsmerkmal für Mäuseschäden sind die Schäden an der Rinde, wobei es zur vollständigen Entrindung von Jungbäumen kommen kann, sowie der glatte, schräge Verbiss an den Trieben.

Fraßbild einer Maus an junger Kiefer. Typisch ist das vollständige Abnagen der Rinde.

Wild

Der Begriff Wild umfasst eigentlich alle jagdbaren Vogel- und Säugetierarten, umgangssprachlich sind damit aber Reh, Rothirsch und Gämse gemeint. Es gibt noch einige andere Arten (Mufflon, Damhirsch, Elch), die lokal Probleme durch Verbiss oder Fegen verursachen können, der Großteil der Schäden an der Verjüngung geht aber auf die diese drei Arten zurück. Insgesamt sind die oft als Wildschäden bezeichneten negativen Einflüsse dieser Arten wesentlich bedeutender als etwa Schäden durch den Rüsselkäfer oder den Hallimasch.

Während bei den meisten abiotischen und biotischen Gefahren ein naturnaher Waldbau, wie etwa die Vermeidung von Kahlschlägen gegen den Rüsselkäfer, das Befallsrisiko deutlich reduzieren kann, so trifft dies nicht auf die Schäden durch Reh, Rothirsch und Gämse zu. Der Grund dafür liegt darin, dass für die Bestandsentwicklung dieser Tiere Faktoren ausschlaggebend sind, die der einzelne Waldbesitzer nicht beeinflussen kann, insbesondere nicht, wenn der Waldbesitz nur einige Hektar groß ist. Der Grund für den hohen Wilddruck liegt im starken Populationswachstum: Trotz Bejagung haben diese Arten seit den 1950er-Jahren stark zugenommen, die Strecke (Anzahl der erlegten Tiere) etwa beim Reh wuchs von 60.000 Tieren auf über 270.000 im Jahr 2013. Die Intensivierung der Landwirtschaft, aber auch der Verlust von Lebensraum (höhere Wilddichte auf kleineren verfügbaren Flächen) sowie die gezielte Zucht (Winterfütterung) durch die Jägerschaft sind Ursachen für die hohen Bestände.

Fegeschaden an Fichte. Der Baum lebt zwar noch, ist aber für die forstliche Produktion nicht mehr geeignet.

Diese Kiefer ist über mehrere Jahre hinweg stark verbissen worden.

Auf rund zwei Drittel des österreichischen Waldes ist die Verjüngung ohne Schutzmaßnahmen gegen das Wild nicht möglich. Die Situation in Deutschland ist ähnlich, wobei regional große Unterschiede zu verzeichnen sind. Während im nördlichen Niederösterreich sich sogar die Tanne auf geeigneten Standorten verjüngen kann, wird in der Obersteiermark in manchen Gebieten sogar die Fichte verbissen.

Die Problematik der Wildschäden ist komplex, weil im Einzelfall zahlreiche Faktoren ausschlaggebend sind, zudem ist das Thema hochemotional besetzt, da vor allem die jagdliche Seite sehr empfindlich auf Kritik von Nichtjägern reagiert. Es soll in diesem Rahmen auch nicht weiter darauf eingegangen werden, da, wie bereits erwähnt, die Umstände für den Kleinwaldbesitzer nur schwer beeinflussbar sind. Vielmehr sollen die verschiedenen Schadensarten sowie die korrekte Einschätzung des Wildschadens präsentiert werden – nicht jeder verbissener Baum ist auch wirklich ein Wildschaden. Außerdem werden Möglichkeiten der Vermeidung von Wildschäden aufgezeigt.

Tab.: **Wildschadenssituation in den verschiedenen Bundesländern**

Bundesland	Wildeinfluss auf % der Waldfläche	Baumarten, die nicht beeinträchtigt werden
Burgenland	85 %	Fichte
NÖ	63 %	Fichte, Lärche, Kiefer
OÖ	67 %	Fichte, teilweise Buche
Steiermark	66 %	Fichte, Lärche
Tirol	57 %	Fichte
Salzburg	57 %	Fichte, Lärche
Kärnten	55 %	Fichte, Lärche, Kiefer, Buche
Vorarlberg	57 %	Fichte

Tab.: **Entwicklung der Strecke bei Reh, Rothirsch und Gämse in Österreich**

Wildart	1950	1960	1970	1980	1990	2000	2013
Rothirsch	12.637	27.689	**33.187**	**40.187**	**42.365**	43.498	58.158
Reh	59.962	130.235	**143.883**	**211.105**	**255.371**	256.672	272.268
Gams	7.139	13.880	**13.871**	**24.709**	**27.278**	24.523	19.102

Wer schädigt wie?

Rehwild (*Capreolus capreolus*)

Rehe richten im Wald aufgrund ihrer Häufigkeit und Anpassungsfähigkeit den größten Schaden an. Neben dem Verbiss fegen junge Rehböcke auch Jungpflanzen, was oft zu deren Absterben führt.

Rotwild (*Cervus elaphus*)

Neben Verbiss und Fegeschäden schält Rotwild auch, was zur völligen Entwertung der Bäume führen kann. Geschält wird am häufigsten in Stangenholz, es kann aber auch Altbäume treffen.

Schwarzwild (*Sus scrofa*)

Während Schwarzwild auf landwirtschaftlichen Flächen verheerende Schäden anrichten kann, halten sich die Schäden im Wald in Grenzen. Der Verzehr von Bucheckern und Eicheln kann in Mastjahren zu einer Verzögerung der Verjüngung führen.

Gamswild (*Rupicapra rupicapra*)

Gamswild kommt vor allem auf alpinem Rasen vor, zieht aber auch in den Bergwald. Gämsen verbeißen und schlagen junge Bäume. Lokal kann dieses Verhalten den Erfolg von Verjüngungen gefährden, da Gämsen Standorte bewohnen, die in der Kampfzone des Waldes liegen, und die Entwicklungsbedingungen für Jungpflanzen wesentlich härter sind als in tieferen Regionen.

Zu den sonstigen jagdbaren Arten, die Schäden verursachen können, zählen Sika- und Damhirsch, Mufflon und Elch. Aufgrund der geringeren Zahl (Abschuss Mufflon 2012: 2.500 Stück) dieser Arten kommt es nur lokal zu nennenswerten Schäden.

Um sich vor dem Verjüngungsprojekt ausgiebig über die Wildverhältnisse vor Ort zu informieren, ist es ratsam, das Informationsportal des Bundesforschungszentrums für Wald (www.wildeinflussmonitoring.at) zu nutzen. Dieses führt laufend Erhebungen über den Wildeinfluss durch und präsentiert die Ergebnisse auf Bezirksebene. Ebenfalls hilfreich ist das Gespräch mit den Jägern vor Ort sowie mit benachbarten Waldbesitzern.

Die Methoden der Wildschadensverhütung werden immer zahlreicher: Vogelscheuchen und reflektierende Pfähle sollen das Wild davor abhalten, Wald und Flur zu schädigen. Auch kurios anmutende Vergrämungsmethoden werden in manchen Ratgebern empfohlen: Sie reichen vom Verstreuen von Menschenhaaren bis zur Installation von Feuerwerkskörpern, deren Lärm das Wild verscheuchen soll. Wer aber keine Lust hat, nach jedem Friseurbesuch den Wald zu besuchen, und wer die Stille im Wald schätzt, sollte sich lieber an die bekannten technischen Abwehrmethoden halten. Neben der Regulierung der Wilddichte sind dies die erfolgversprechendsten Methoden für den Schutz der Waldverjüngung. Dabei muss allerdings beachtet werden, dass mit jeder Schutzmaßnahme der Druck auf die nicht geschützte Vegetation zunimmt.

Man unterscheidet grundsätzlich zwischen Einzelschutz, bei dem die einzelne Pflanze geschützt wird, und Flächenschutz, bei dem eine gesamte Kultur oder ein Teil davon geschützt wird. Neben dem Arbeitsaufwand entstehen auch immer Kosten bei Schutzmaßnahmen.

Tab.: **Verbissgefährdung heimischer Baumarten**

	Verbissgefährdung		
Baumart	**hoch**	**mittel**	**gering**
Tanne	x		
Eiche	x		
Ahorn	x		
Esche	x		
Eberesche	x		
Pappeln	x		
Rotbuche		x	
Linde		x	
Kiefer		x	
Fichte		x	
Birke		x	
Lärche		x	
Douglasie		x	
Schwarzerle			x

Welche Schutzmaßnahme am effektivsten ist, hängt auch von der Verjüngungsart und dem vorherrschenden Wilddruck ab: Ist dieser so hoch, dass nicht einmal mehr die Fichte sich verjüngen kann, dann wird eine Zäunung am effektivsten sein. Will man jedoch in einem Waldgebiet mit normaler Wilddichte eine verbissgefährdete Baumart wie die Tanne oder die Esche verjüngen, wird der Einzelschutz zielführender sein. Bevor man Schutzmaßnahmen setzt, ist es aber ratsam, die Verbisssituation zu untersuchen. Dabei stellen sich drei Fragen:

- Ist Verbiss an der Verjüngung zu finden?
- Handelt es sich bei den verbissenen Bäumen um eine Zielbaumart?
- Ist der Verbiss derart hoch, dass dadurch die erfolgreiche Verjüngung gefährdet ist?

Wenn die Antwort auf alle drei Fragen ja lautet, sollen Schutzmaßnahmen gesetzt werden.

Flächenschutz

Vor allem bei kleinflächigen Kulturen eignet sich der Zaun. Dabei muss die zu schützende Fläche aber eine gewisse Mindestgröße aufweisen, ansonsten wird der Zaunbau unrentabel. Zumindest eine Fläche von 0,5 ha sollte geschützt werden. Für eine Länge von 100 m dauert der Zaunbau zwischen sieben und elf Stunden. Gegen zu große Zaunflächen (über 10 ha) spricht, dass sowohl der Lebensraum des Wildes als auch die Jagdfläche eingeengt wird.

Der Zaun hilft nicht nur gegen Verbiss, sondern schützt auch vor Fegen und Schälschäden. Je nach Zauntyp kann man sich nicht nur vor Reh- und Rotwild schützen, sondern auch vor Hasen und Kaninchen. Deshalb ist vor dem Bau des Zauns auch unbedingt abzuklären, welches Wildtier die Schäden verursacht: Hat man in der Kultur ein Verbissproblem, das durch Mäuse verursacht wird, hilft die Einzäunung wenig.

Bei Wildzäunen gibt es verschiedene Bauarten. Welche Bauart für den jeweiligen Bestand sinnvoll ist, hängt von der Bodenbeschaffenheit und der notwendigen Standzeit des Zauns ab. Grundsätzlich unterscheidet man zwischen Pfahl-, Scheren- und Hängezaun.

Pfahlzäune

Bei diesen Zäunen dienen Pfähle aus Holz als Träger. Die Holzart entscheidet auch darüber, wie lange der Zaun verwendet werden kann. Da Holz nur langsam verwittert, ist von einer mehrjährigen Verwendungsdauer auszugehen. Fichtenpfähle halten fünf Jahre lang, Eichenpfähle zwischen acht und zwölf Jahren, Robinienpfähle sogar mehr als 20 Jahre. Es sind auch Metall- und Kunststoffpfähle im Handel zu erwerben, die über noch längere Zeiträume haltbar sind. Es stellt sich aber die Frage, ob eine Einzäunung über einen Zeitraum von über 20 Jahren sinnvoll ist. Der Abstand zwischen den Pfählen soll etwa 3–5 m betragen. Bei der Montage wird zuerst der exakte Zaunverlauf bestimmt und von Hindernissen befreit. Danach werden die Pfähle in das Erdreich gerammt. Das Zaungeflecht wird anschließend neben den Pfählen ausgerollt und am Anfangspfahl befestigt. Mithilfe einer Spannvorrichtung wird auf kurzen Teilstücken die notwendige Zaunspannung hergestellt und das Geflecht an den Pfählen befestigt. Die einzelnen Zaunfelder werden abschließend mit je zwei Heringen, die in der Erde stecken, befestigt. So wird verhindert, dass das Wild den Zaun hochhebt und darunter durchschlüpft. Je nach Verweildauer können Übersteige, die das Betreten der eingezäunten Fläche ermöglichen, angelegt werden. Tore sind nur dann sinnvoll, wenn die Fläche mit schweren Lasten betreten bzw. befahren werden soll.

Scheren- und Hängezäune

Diese Zäune erleichtern die Arbeit, da das Aufstellen von Pfählen nicht notwendig ist. Das Zaungeflecht wird von scherenartigen Stützen getragen. Nur die Eckpfähle müssen im Boden verankert werden. Beim Hängezaun tragen Dreibeinstützen das Zaungeflecht, das an einem Tragseil befestigt ist. Hänge- und Scherenzäune haben einige **Vorteile**:

- Sie sind auch für Gebiete geeignet, in denen mit viel Schneefall während der Wintermonate zu rechnen ist, da sie beständiger gegenüber Schneeschub sind.
- Die Haltbarkeit ist bei gleichzeitig geringeren Instandhaltungskosten besser.
- Das anstrengende Graben und Rammen beschränkt sich auf wenige Stützen.
- Ganze Zaunteile können leichter ausgetauscht werden.

Elektrische Wildzäune

Diese sind die neueste Form von Wildzäunen. Sie werden meist als Pfahlzäune errichtet. Im Vergleich zu Wildzäunen sind einige Unterschiede zu beachten. Da vor allem Rehwild wesentlich kleiner ist als Rinder, müssen die Drähte tiefer angesetzt werden als bei Weidezäunen. Die Spannung muss ebenfalls deutlich höher liegen als bei Weidezäunen. Der Strom wird von einem Solarmodul erzeugt. Die Zauntrasse muss auf beiden Seiten etwa 1 m breit von Bewuchs freigehalten werden. Ansonsten können Grashalme oder Äste eine Erdung verursachen, wodurch der Effekt des elektrischen Zauns stark vermindert wird. Um Unfälle zu vermeiden, sollten am Zaun Warnschilder befestigt sein.

Einzelschutz

Im Gegensatz zum Flächenschutz wird beim Einzelschutz jede Pflanze separat geschützt. Dabei wird der Trieb oder die gesamte Pflanze vor Verbiss geschützt. Hierfür gibt es mechanische und chemische Verfahren.

Mechanischer Schutz

Bei dieser Schutzmaßnahme wird entweder die Triebknospe oder die gesamte Pflanze geschützt.

Beim Schutz der Triebknospe werden Fasern, die für das Wild vergällend wirken, wie etwa Schafwolle, eingesetzt. Aber auch Klebeband kommt in manchen Wäldern zum Einsatz. Am gebräuchlichsten sind Kunststoffclips, die am Trieb befestigt werden. Dabei darf aber die Knospe nicht am Austrieb behindert werden. Diese Verfahren müssen alljährlich wiederholt werden, bis die Jungpflanzen hoch genug sind. Dabei gilt die Faustregel,

Vollkappenschutz gegen Wildverbiss

Triebschutz zum Klippen

Unbelüftete Wuchshülle

Belüftete Wuchshülle

Drahtgitter müssen wieder abgebaut werden.

Moderne Wuchshüllen zersetzen sich von selbst.

Fegeschutz, bei dem die Rinde geschützt wird, und die Triebe ungehindert wachsen können.

dass über einer Höhe von 1,8 m der Leittrieb vor Verbiss sicher ist. Ist im Revier nur Rehwild vorhanden, so liegt die Höhe bei 1,3 m.

Beim **Gesamtschutz** werden Wuchshüllen und Drahthosen eingesetzt. Drahthosen sind schwierig aufzubauen und müssen auch wieder von der Pflanze entfernt werden. Darüber hinaus besteht die Gefahr, dass das Drahtgeflecht in das Holz einwächst, wenn es nicht rechtzeitig entfernt wird, was zur Holzentwertung führt. Moderne Wuchshüllen zersetzen sich selbst, und zwar durch die UV-Strahlung der Sonne.

Bei der Auswahl von Wuchshüllentypen sollte beachtet werden:

- Es sollten Wuchshüllen mit Belüftungslöchern benutzt werden, um optimale Wachstumsbedingungen im Inneren zu schaffen.
- Wuchshüllen sollten doppelwandig sein, um die zuweilen heißen äußeren Schutzwände von den empfindlichen Blättern fernzuhalten (Gefahr des Abwelkens).
- Der obere Rand von Wuchshüllen sollte nach außen gebogen sein, damit sich die herauswachsenden Triebe sowie das Stammholz bei Windbewegungen nicht abscheuern.
- In wenig belichteten Verhältnissen, z. B. unter Schirm, sind transparente Wuchshüllen oder offene Gitterhüllen sinnvoll.
- Wuchshüllen müssen stabil im Boden verankert werden, um z. B. Schäden durch Mäuse zu vermeiden.
- Geflechtartige Gitterhüllen sind meist etwas günstiger, sie sind in ihrer Form jedoch instabil und haben wenig Bodenkontakt, außerdem haften oft die Ranken der Konkurrenzvegetation daran.
- Auf das Zubehör darf nicht vergessen werden: Kabelbinder, Verstärkungsringe und Befestigungsstäbe (Robinie und Eiche eignen sich wegen ihrer Dauerhaftigkeit gut).
- Besonders die Befestigungsstäbe müssen trocken gelagert werden, um den Transport auf die Fläche ergonomisch zu gestalten, das Gewicht und das Volumen der Materialbewegung sind auf größeren Flächen beträchtlich.
- Ein Pfahlüberstand von ca. 10 cm stabilisiert die Netzgeflechte und ermöglicht bei der späteren Kontrolle ein leichtes Nachschlagen.
- Bei späteren Kontrollarbeiten ist der gerade Stand zu prüfen ebenso wie die Konkurrenzvegetation zu entfernen, die sich über die Hülle gelegt hat oder in der Wuchshülle mit aufgewachsen ist.
- Bei der Einsatz- und Kostenplanung ist bereits der Abbau und die fachgerechte Entsorgung von nicht zersetzten Wuchshüllen zu berücksichtigen.

Chemischer Schutz

Beim chemischen Schutz streicht man Mittel auf die Triebe, die für das Wild abschreckend und vergrämend wirken. Dabei ist es notwendig, die Mittel früh genug anzubringen: Mittel gegen den Winterverbiss sollen nach Möglichkeit bereits im September aufgetragen werden. Die Mittel sollen nicht bei feuchter oder frostiger Witterung aufgebracht werden, da die Haftfähigkeit der Präparate stark darunter leidet. Es gibt verschiedene Anwendungsmöglichkeiten: Die Triebe können bestrichen und bespritzt werden. Vor Pflanzungen können die jungen Bäume auch in die Präparate eingetaucht werden.

Es existiert auch eine Reihe von Hausmitteln, wie Kalk, Jauche, Rinderblut oder Petroleum, die auf die Triebspitzen aufgebracht werden. Im Vergleich zu den meisten Handelspräparaten wirken die Hausmittel aber nicht so zuverlässig. So ist etwa die Haftfähigkeit geringer. Der Zeitaufwand für die Ausbringung von Präparaten liegt bei Nadelholzkulturen bei fünf bis sechs Stunden pro Hektar, in Laubholzkulturen muss man mit etwa zwölf Stunden Arbeitsaufwand pro Hektar rechnen.

Für den Waldbesitzer stellt sich die Frage, welche der Schutzmaßnahmen nun die beste ist. Pauschal lässt sich das nicht sagen, schließlich hat jede Methode ihre Vor- und Nachteile.

Der große Vorteil des Flächenschutzes mit einem Zaun liegt vor allem im geringeren zeitlichen Aufwand: Ist der Zaun montiert, so ist es nur noch notwendig, ihn regelmäßig zu kontrollieren. Gleichzeitig wird aber durch den Zaun die Äsungsfläche für das Wild geringer und der Wilddruck auf die ungezäunte Fläche steigt stark an.

Bei Einzelschutzmaßnahmen ist der Aufwand wesentlich größer, chemischer Schutz muss auch wiederholt durchgeführt werden. Drahthosen und Wuchshüllen halten länger, verursachen aber bei ihrem Abbau wiederum Zeitaufwand. Dies trifft auch auf Wuchshüllen zu, die sich selbst zersetzen sollen, da sich nicht alle Wuchshüllen tatsächlich zur Gänze zersetzen.

Orientiert sich der Waldbesitzer an den Kosten der verschiedenen Maßnahmen, lässt sich feststellen, dass Wuchshüllen, die nicht abgebaut werden müssen, bis zu einer zu schützenden Pflanzenzahl von unter 1.300 Stück / ha kostengünstiger als der Zaun sind. Bei notwendigem Abbau und Entsorgung der Wuchshülle ist der Zaun hingegen schon ab einer zu schützenden Pflanzenzahl von ca. 650 Stück / ha kostenmäßig der Wuchshülle überlegen.

Erfolgskontrolle

Die Verjüngung war erfolgreich, wenn sich daraus eine Dickung entwickelt hat, die mit standortsgerechten Zielbaumarten bestockt ist. Damit dies erreicht wird, ist es aber notwendig, das Verjüngungsprojekt ausgiebig zu planen und bereits vor Projektbeginn die folgende Checkliste abzuarbeiten. Denn der Erfolg oder Misserfolg einer Verjüngung hängt nicht nur mit den standörtlichen Gegebenheiten, dem Wuchsvermögen der Pflanzen und dem Klima zusammen, sondern auch mit den Aktivitäten des Waldbesitzers.

Die Verjüngungsfläche sollte laufend auf ihre Vitalität überprüft werden. Dabei ist es aber nicht notwendig, täglich nach den Pflanzen zu schauen. Zumindest aber zweimal im Jahr sollte eine Begehung stattfinden, und zwar sollte der Zustand der jungen Bäume zu Beginn und am Ende der Vegetationsperiode kontrolliert werden.

Auf folgende Merkmale soll dabei geachtet werden:

- Zustand der Triebspitzen
- Merkbares Höhenwachstum (erkennbar an der Länge des Leittriebes)
- Gleichmäßige Verteilung von Blättern bzw. Nadeln an der Pflanze
- Verfärbungen von Blättern oder Nadeln
- Schäden an der Rinde
- Wurzeln vollständig im Boden

Natürlich ist es bei größeren Verjüngungsflächen nicht möglich, jede einzelne Pflanze zu kontrollieren. Wie bereits erwähnt, werden durch die interne Konkurrenz auch einige Pflanzen absterben. Sterben mehr als 20 % der Jungpflanzen einer Baumart ab bzw. sind wenige Pflanzen vital (verfärbte Blätter, kein Höhenwachstum, kümmerlicher Gesamteindruck), dann ist die Ursache hierfür abzuklären und entsprechende Gegenmaßnahmen sind zu setzen.

Bei Mischbeständen ist es allerdings wichtig, jede Baumart gesondert anzusprechen, da Schadinsekten und Pilze sehr baumartenspezifisch sind. Bei einer Mischung von Fichte und Buche kann etwa der Braune Rüsselkäfer die Fichten töten, während die Buchenverjüngung unbehelligt bleibt.

Ob die Verjüngung erfolgreich ist, kann auch anhand von Sollstammzahlen bestimmt werden. Diese geben an, wie viele Pflanzen pro Hektar Verjüngungsfläche vorhanden sein sollten, abhängig von ihrer jeweiligen Größe. Vor allem für die Saat und die Naturverjüngung sind die Sollstammzahlen praktisch, aber auch bei Pflanzungen kann der Erfolg mit ihnen kontrolliert werden.

Checkliste für die Verjüngung

- Ist eine Verjüngung notwendig?
- Sind am Standort Verjüngungshemmnisse vorhanden?
- Müssen vorbereitende Maßnahmen wie Entfernung des Schlagabraums durchgeführt werden?
- Sind waldbauliche Maßnahmen wie die Förderung von Samenbäumen sinnvoll bzw. notwendig?
- Welche Eigenschaften kennzeichnen den Standort?
- Welche Baumarten sind für den Standort tauglich?
- Hat man sich über Schädlinge im Gebiet und etwaige Abwehrmaßnahmen informiert?
- Stellt der Wildbestand eine Bedrohung für die Verjüngung dar?
- Welche Verjüngungsmethode wird angewandt?
  - Bei Naturverjüngung: Sind in der Umgebung Samenbäume vorhanden?
  - Bei Saat: Ist die Verfügbarkeit von Samen abgeklärt?
  - Bei Pflanzung: Ist die Pflanzung gut geplant? Ist man in der Lage, eines der üblichen Pflanzverfahren richtig anzuwenden? Verfügt man über das richtige Werkzeug? Kann man die Arbeit eventuell an einen Fachmann abgeben?

Tab.: **Stammzahlen gereiht nach Baumhöhe und Standortsgüte**

Höhe in cm	Standortsgüte		
	gut	mittel	schlecht
20	> 10000	2.000–8.000	800–2.000
50	4.000–8.000	800–4.000	500–800
90	800–4.000	500–800	80–500
130	500–800	100–500	80–100

Diese Zahlen geben dem Waldbesitzer eine Orientierungshilfe darüber, ob ausreichend Jungpflanzen vorhanden sind. Ist dies nicht der Fall, so ist eine Nachbesserung notwendig. Davor ist jedoch der Grund für die zu geringe Stammzahl festzustellen. Anders formuliert: Die Ursache für das Absterben der Jungpflanzen muss festgestellt werden. Es ist nicht sinnvoll, eine Nachbesserung durchzuführen, wenn die Bedrohung für die Verjüngung immer noch vorhanden ist und diese auch die nächsten Pflanzen gefährdet. Generell sind Nachbesserungen erst ab einem Ausfall von über 50 % der Pflanzen notwendig.

Bei Pflanzungen sollte überprüft werden, ob sich zwischen den gesetzten Pflanzen Naturverjüngung entwickelt. Diese könnte dazu genutzt werden, eventuelle Ausfälle auszugleichen.

Aus unserem Programm

ISBN 978-3-7020-1072-0

ISBN 978-3-7020-0874-1

ISBN 978-3-7020-0914-4

ISBN 978-3-7020-1193-2

Leopold Stocker Verlag

www.stocker-verlag.com

Aus unserem Programm

ISBN 978-3-7020-1555-8

ISBN 978-3-7020-1216-8

ISBN 978-3-7020-1433-9

ISBN 978-3-7020-1202-1

Leopold Stocker Verlag

www.stocker-verlag.com

TIEFE WURZELN.
HOCH HINAUS.
SAMEN • PFLANZEN • ENERGIEHÖLZER • FACHBERATUNG
HERZOG
Forstsamen . Pflanzen
HERZOG.BAUM
Samen und Pflanzen GmbH
A-4810 Gmunden
Koaserbauerstr. 10
Tel.: +43 (0) 7612 71244-0
Fax: +43 (0) 7612 71244-4
office@herzog-samen.com
www.herzog-samen.com

Forstpflanzen
Bestandspflege
Aufforstungen
www.gadermair.at
Verkauf
Untersunzing 7
4962 Mining
Kontakt
+43 (0)7723 / 7024
baum@gadermair.at
Mit Wald
und Seele.
GADERMAIR
Forst.Pflanzen.Pflege.

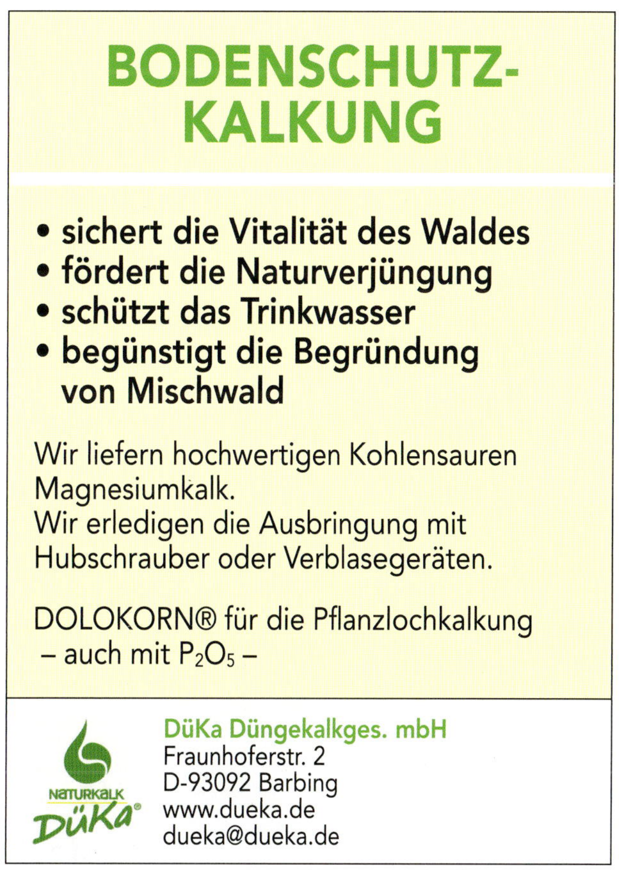
BODENSCHUTZ-
KALKUNG
• sichert die Vitalität des Waldes
• fördert die Naturverjüngung
• schützt das Trinkwasser
• begünstigt die Begründung von Mischwald
Wir liefern hochwertigen Kohlensauren Magnesiumkalk.
Wir erledigen die Ausbringung mit Hubschrauber oder Verblasegeräten.
DOLOKORN® für die Pflanzlochkalkung
– auch mit P_2O_5 –
NATURKALK
DüKa®
DüKa Düngekalkges. mbH
Fraunhoferstr. 2
D-93092 Barbing
www.dueka.de
dueka@dueka.de